Wissen
auf einen Blick

Bionik
Der Natur abgeschaut

Bildnachweis
Daimler AG: 85
Interfoto, München: 5, 33, 39, 47, 63, 81, 91, 115, 119, 135, 175, 177
mauritius images GmbH: 11, 15, 25, 27, 29, 31, 41, 45, 49, 51, 59, 75, 77, 93, 94, 99, 121, 123, 125, 137, 155, 157, 159, 162, 165, 173, 187, 189, 191, 193, 217
Nasa: 109
obs/Landesmarketing Sachsen-Anhalt GmbH: 197
picture-alliance/dpa: 4, 8, 13, 17, 19, 21, 23, 35, 37, 43, 52, 55, 57, 61, 67, 69, 71, 73, 79, 83, 87, 89, 97, 101, 103, 105, 107, 111, 113, 117, 127, 129, 131, 133, 139, 141, 143, 145, 147, 149, 151, 153, 161, 167, 169, 171, 179, 181, 183, 185, 194, 199, 201, 205, 207, 209, 211, 213, 215
Sony : 203
United States Air Force (USAF), U.S.A.: 65

© Naumann & Göbel Verlagsgesellschaft mbH, Köln
Gesamtherstellung: Naumann & Göbel Verlagsgesellschaft mbH, Köln
Realisation und Redaktion: twinbooks, München
Text, Redaktion: Jürgen Brück, Birgit Kuhn, Nathalie Rinne, Melanie Goldmann, Jennifer Künkler
Alle Rechte vorbehalten

ISBN 978-3-625-12031-5

www.naumann-goebel.de

**Wissen
auf einen Blick**

Bionik
Der Natur abgeschaut

Jürgen Brück, Birgit Kuhn

Inhalt

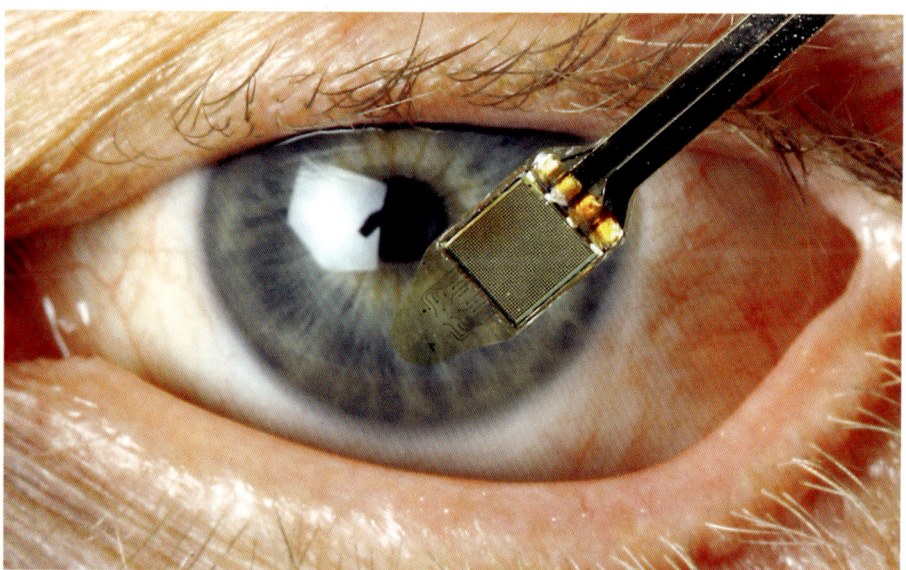

Vorwort

Fliegen wie die Vögel, schwimmen wie die Fische, bauen wie die Insekten oder einfach nur so genügsam und energiesparend Kräfte gewinnen wie die Pflanzen – seit es Menschen gibt, besteht der Wunsch, viele der beneidenswerten Künste der natürlichen Umwelt zu erlernen und zu nutzen. Die Natur – seien es Tiere, Pflanzen, einzelne Zellen und Mikroorganismen oder gar der menschliche Körper selbst – leistet so einiges, wovon Ingenieure und Wissenschaftler nur träumen können. Die Bionik bietet die Chance, diese Erfolgsprinzipien der Natur erfolgreich in die Technik umzusetzen.

Die Bionik beschäftigt sich mit der Erforschung der „Erfindungen der Natur" und ihrer technischen Umsetzung. Der Begriff „Bionik" setzt sich aus „Biologie" und „Technik" zusammen und drückt aus, wie Prinzipien, die aus der Biologie abgeleitet sind, in der Technik Anwendung finden. Der Begriff geht auf das englische Wort „bionics" zurück, den der US-amerikanische Luftwaffenmajor Jack E. Steele 1960 im Sinne eines Lernens aus der Natur für die Technik auf einer Konferenz in der Wright-Patterson Air Force Base in Dayton, Ohio prägte. Im Gegensatz zur reinen Inspiration durch die Natur geht es in der bionischen Forschung um ein systematisches Lernen von natürlichen Prinzipien. Für technische Probleme werden gezielt biologisch inspirierte Lösungen gesucht (Top-down-Prozess, Analogiebionik) oder biologische Modelle werden vom Vorbild losgelöst betrachtet und dienen so als Lösungen für vorher nicht festgelegte technische Problemzusammenhänge (Bottom-up-Prozess, Abstraktionsbionik).

Bei der Bionik geht es nicht darum, ein natürliches Vorbild eins zu eins zu kopieren; das ist auch oft überhaupt nicht möglich und meist gar nicht erwünscht. Vielmehr muss der Mensch mit den Mitteln, die ihm zur Verfügung stehen, arbeiten, um die Entwicklungen, die speziell für ihn nützlich, möglich und sinnvoll sind, voranzutreiben.

Eigentlich ist die Bionik schon eine sehr alte Wissenschaft. Schon in den antiken Mythen findet sich – wenn man so will – der erste Bioniker: Dädalus, der für sich und für seinen Sohn Ikarus Flügel nach dem Vorbild der Vogelflügel baute, was jedoch in einem tragischen Absturz endete. Begeben wir uns von dem Reich der Sage in die Wirklichkeit, so gilt als historischer Begründer der Bionik der italienische Wissenschaftler, Künstler und Universalgelehrte Leonardo da Vinci (1452–1519), dessen Analyse des Vogelflugs, die er auf Flugmaschinen zu übertragen versuchte, inzwischen legendär geworden ist. Weitere bionische Produkte folgten im Lauf der Geschichte. Nachdem sich zwischenzeitlich die Technik lange Zeit vom Vorbild der Natur gelöst hatte und man glaubte, mithilfe der Technik die Natur überflügeln zu können, ist die Bionik mittlerweile eine etablierte wissenschaftliche Disziplin. Heute sehen vermehrt Kongresse, Ausstellungen und Studiengänge die Bionik als zukunftsträchtige Chance.

Viele Entwicklungen und Verbesserungen, an denen Menschen heute immer noch arbeiten, hat die Natur bereits hervorragend gelöst: Seien es robuste Materialien, optimierte Mobilitätstechniken, energieeffiziente Bau- und Wohnformen, durchdachte Informations- und Kommunikationsmechanismen oder hochsensible Wahrnehmungssensoren. Vom Auto-, Schiffs-, Bahn-, Flugzeug- oder Hausbau bis hin zur Verpackungs-, Computer-, Roboter- und Maschinentechnik, von der Informatik über die Medizin bis hin zur Kosmetik und vielen Haushalts- und Industrieprodukten – es gibt kaum einen Bereich, dem die Bionik nicht hilfreiche Dienste erweisen kann. In diesem interdisziplinären Bereich arbeiten Naturwissenschaftler genauso wie Materialforscher, Techniker, Ingenieure, Architekten oder Designer zusammen.

Innerhalb der Bionik existieren zahlreiche Unterdisziplinen wie etwa die Materialbionik, die die Grundlage der Werkstoffbionik bildet, woraus sich die Grundlage der Konstruktions- oder Strukturbionik ergibt. Von hier geht auch die Gerätebionik aus, die sich Anregungen aus der Natur, vor allem für Pneumatik und Hydraulik, aber auch für die Pumpen- und Fördertechnik holt. Weitere wichtige Zweige sind die bionische Prothetik und Robotik. Von hier aus ist es nicht mehr weit zur Sensorbionik, deren Untersuchungsgegenstand die Ortung und Orientierung ist, sowie die Neurobionik, deren Feld die Datenanalyse und Informationsverarbeitung ist. Ein großer Forschungszweig innerhalb der Bionik ist auch die bionische Kinematik (Bewegungsbionik) und Dynamik, die sich mit Fortbewegungsformen wie Laufen, Schwimmen und Fliegen befasst. Löst man sich vom Individuum, gelangt man zu den Themen der Klima- und Energetobionik sowie zur Baubionik. Die Organisationsbionik analysiert Organisationsformen im Einzelorganismus und in Organismensystemen für die Nutzbarmachung im wirtschaftlichen Management. Die Evolutionsbionik versucht hingegen, die Entwicklung der natürlichen Evolution für die Technik nutzbar zu machen, und bezieht sich auf die Strukturen, Prozesse und Organisationsformen der Natur. Die Prozessbionik schließlich untersucht Verfahren, mit denen natürliche Vorgänge gesteuert werden. Wichtige Themen sind hier die Abfallvermeidung und die Nutzung natürlicher Energien.

Natürliche Konstruktionen entwickeln sich nach dem Minimum-Maximum-Prinzip, erreichen also mit einem minimalen Material- und Energieeinsatz ein Maximum an Haltbarkeit, Stabilität und Leistung. Bionische Entwicklungen zeichnen sich zudem oft durch Multifunktionalität aus und sind auf viele vorhandene Strukturen und Materialien und somit auf Produkte aus verschiedenen Wirtschaftsbereichen anwendbar. Im Gegensatz zu oft umweltbelastenden Entwicklungen der Technik sind die Produkte der Natur umweltfreundlich und recyclingfähig. So bietet die Natur ein gutes Vorbild für eine nachhaltige Produktentwicklung.

Die Bionik macht somit denjenigen, der sich mit ihr beschäftigt, sensibler für das „Wunderwerk Natur" und fördert den bewussten Umgang mit einer hoch entwickelten und oft verblüffend fortschrittlichen Schöpfung. Denn wie der Mensch hat die Natur sich im Lauf der Zeit weiterentwickelt. Der Evolutionsprozess zielt wie die technische Entwicklung immer wieder auf Verbesserung und eine optimale Anpassung an die jeweiligen Lebensbedingungen von Lebewesen. Nur die besten natürlichen „Konstruktionen" haben sich in Entwicklungsprozessen von Jahrtausenden und Jahrmillionen durchgesetzt, was die Natur den neueren technischen Erfindungen voraus hat, die sich oft erst noch erproben müssen. Die faszinierenden Künste der Natur sind trotz noch so moderner und aufwendiger technischer Entwicklungen vom Menschen immer noch unerreicht, denn noch wissen wir längst nicht alles über die Kunstwerke der Natur. Immer weiter dringt der Mensch jedoch in die noch zahllosen bisher verborgenen Geheimnisse der Schöpfung vor. Je mehr die Forschung voranschreitet und die Technik sich weiterentwickelt, desto mehr und fortschrittlichere bionische Anwendungen wird es geben. So kann man sicher sein, dass auch in Zukunft für eine steigende Anzahl aufregender bionischer Forschungsgebiete gesorgt ist. Seien wir gespannt!

Immer mehr bestimmen bionischen Anwendungen den Alltag des Menschen. Oft geht man sogar mit Produkten um, deren bionische Herkunft einem gar nicht bewusst ist. Bei den Produkten des Alltags lässt sich die technische Umsetzung am anschaulichsten nachvollziehen. Die Anwendungsmöglichkeiten umspannen verschiedenste Bereiche von der Bekleidung, Büromaterialien und Haushaltsgegenständen über Werkzeug, Hobby und Unterhaltung bis hin zu Verpackungen und Sensortechnik. Die Bionik entwickelt hierbei praktische Hilfsmittel und nützliche Verbesserungen für häufig gebrauchte Alltagsgegenstände und hilft somit, dem Menschen das tägliche Leben zu erleichtern sowie Zeit und unnötige Arbeit zu ersparen.

Auf dem Weg zum perfekten Verschlusssystem
Die Klettenpflanze

Die Hartnäckigkeit von Kletten ist sprichwörtlich geworden. Kaum hat man eine Klettenpflanze gestreift, bleiben ihre Früchte fest an der Kleidung haften. Diese Beobachtung hat den Schweizer Ingenieur Georges de Mestral (1907–1990) zu einer Erfindung inspiriert, die heute als das bekannteste bionische Produkt gilt.

Ein Transport- wird zum Verschlusstrick

1941 entdeckte der Schweizer Ingenieur Georges de Mestral nach einem Spaziergang mit seinem Hund, dass zahlreiche Früchte der Klettenpflanze (*Arctium lappa*) im Fell seines Hundes hafteten. Mestral wollte wissen, wie es diesen Früchten gelang, sich solchermaßen fest zu verhaken, und betrachtete sie daraufhin unter dem Mikroskop. Dabei entdeckte er, dass die Klettenfrüchte mit rund 200 winzigen Häkchen bedeckt sind, mit deren Hilfe sie sich im Tierfell festhaken können. Durch diese Eigenschaft sorgt die Klettenpflanze dafür, dass ihre Samen über weite Strecken transportiert werden, bevor sie zu Boden fallen, keimen und zu einer neuen Pflanze heranwachsen. Auf diese Weise gelingt es der Pflanze, sich in Gebieten anzusiedeln, die sie ohne diese Fähigkeit nicht erreicht hätte. De

Mestral war nicht nur von der enormen Klettfähigkeit beeindruckt, sondern auch von der Elastizität der feinen Häkchen, die sich, wenn man die Klettenfrüchte von der Anhaftungsfläche löst, weder verformen noch brechen. Der Erfinder sah darin ideale Voraussetzungen für ein Verschlusssystem, das einerseits gut haftet, andererseits aber auch leicht wieder zu lösen ist und kaum Verschleiß zeigt.

Bei seinen Experimenten fand Georges de Mestral heraus, dass sich Nylon als Material für die Haken am besten eignet. Daraufhin entwickelte er ein mit Kunststoffhäkchen versehenes Nylonband, das sich in ein Gegenband verhakt und ohne Beschädigung wieder lösen lässt. Im Jahr 1955 ließ Georges de Mestral sein Verschlusssystem patentieren und gründete vier Jahre später die Firma VELCRO®, die bis heute Klettverschlüsse produziert.

Ein Verschluss wird optimiert

Klettverschlüsse sind unauffällig und noch dazu leicht zu bedienen. Doch es gibt einen Haken – und den im wahrsten Sinn des Wortes: Sobald sich, wie es vor allem bei Schuhen leicht passiert, Schmutz im Hakenband verfangen hat, haftet der Verschluss nicht mehr optimal und die Bänder müssen ersetzt werden. Forscher des Max-Planck-Instituts für Metallforschung in Stuttgart haben daher einen verschleißfreien Klettverschluss entwickelt. Auch für diesen lieferte die Natur das Vorbild: Diesmal stand aber ein Tier Pate für die Idee: Libellen fixieren ihren beweglichen Kopf bei Bedarf mithilfe von winzigen Zapfen am Rumpf. Der Verschluss nach diesem Prinzip lässt sich beliebig oft lösen und wieder ineinanderhaken, ist aber gegenüber dem alten System wesentlich langlebiger.

> ### Klettverschlüsse im Einsatz
> *Im Alltag nutzen wir die praktischen Verschlusssysteme bei Schuhen, Taschen, Kleidungsstücken und sogar Windeln. Darüber hinaus werden sie in der Raumfahrt, der Medizintechnik, im Maschinen-, Automobil- und Fahrzeugbau verwendet. Dabei kommen mittlerweile nicht nur Nylonbänder, sondern auch Bänder aus rostfreiem Stahl und Kunststoff zum Einsatz.*

Die Elektronenmikroskopaufnahme zeigt die vielen kleinen Häkchen der Klettenpflanze in 55-facher Vergrößerung. Besonders gut kann man hier die abgeknickte Spitze der Häkchen erkennen.

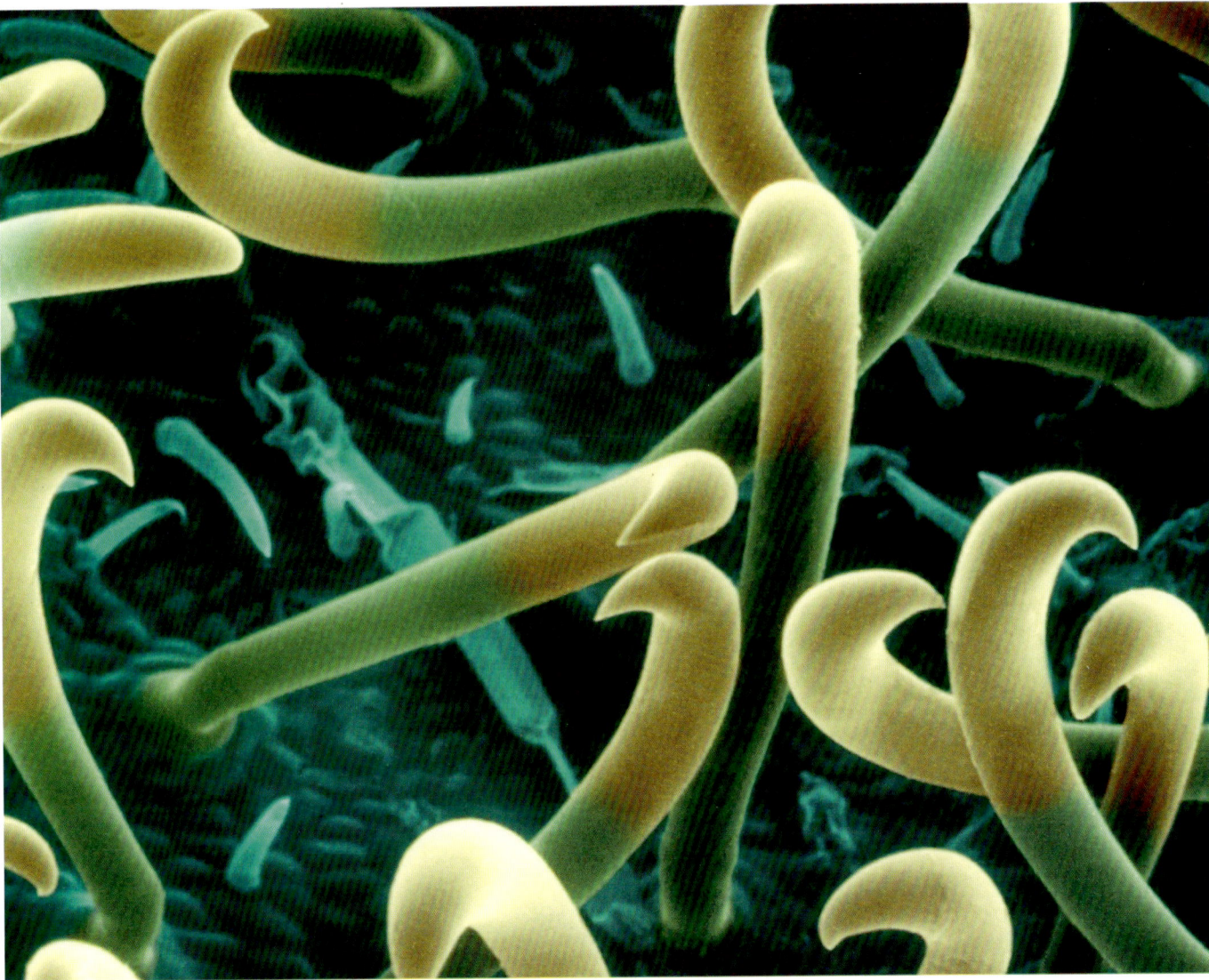

Erst heiß und weich, dann kalt und fest
Bienenwachs

Die effektivste Methode, um Teile miteinander zu verbinden, ist das Kleben. So werden etwa Raketenhüllen nicht zusammengenietet oder verschraubt, sondern geklebt. Auf diese Weise steht eine viel größere Fläche für den Zusammenhalt der Teile zur Verfügung, und man erreicht eine deutlich höhere Festigkeit.

Das Prinzip des Klebens

Egal, ob es sich um künstliche, d. h. vom Menschen entwickelte Klebstoffe oder um Klebstoffe, die in der Natur vorkommen, handelt – sie müssen zwei besondere Eigenschaften besitzen: Zunächst ist es wichtig, dass sich der Klebstoff gut auf den zu verklebenden Flächen verteilt und an ihnen haften bleibt. Da Oberflächen nie völlig glatt sind, eignen sich hierzu flüssige Klebstoffe am besten, da sie auch in alle mikroskopisch kleinen Vertiefungen eindringen. Für die gute Haftung des Klebstoffs sind Anziehungskräfte auf atomarer Ebene verantwortlich – man bezeichnet dies als Adhäsion. Darüber hinaus muss ein Klebstoff auch über eine ausreichend hohe innere Festigkeit verfügen, damit er bei Belastung nicht auseinanderreißt. Die meisten Klebstoffe entwickeln diese Festigkeit beim Aushärten. Diese innere Festigkeit nennt sich Kohäsion. Effektive Klebstoffe müssen also über beide Eigenschaften, eine gute Adhäsion und eine ausgezeichnete Kohäsion, verfügen.

Flüssige Klebstoffe

Man unterscheidet grundsätzlich zwischen zwei verschiedenen Formen von Klebstoffen, solchen, die auf physikalische Weise abbinden, und solchen, bei denen das Abbinden mithilfe chemischer Reaktionen vonstatten geht. An dieser Stelle geht es ausschließlich um die physikalischen Vorgänge. Hier spielt der Übergang vom flüssigen in den festen Aggregatzustand die entscheidende Rolle. Ähnlich wie bei Wasser, das bei niedrigen Temperaturen zu Eis gefriert, verfestigt sich beim Aushärten des Klebstoffs die innere Struktur.

In der Natur produzieren Bienen einen solchen Klebstoff, das Bienenwachs. Die Bienen erwärmen die Wachsmoleküle in ihrem Körper so lange, bis sie flüssig werden. Mit dem Wachs bauen sie ihre Bienenwaben und kleben ihr Nest an verschiedenen Untergründen fest. Härtet das Wachs aus, ist es ein sehr guter und beständiger Kleber.

Ein moderner Schmelzklebstoff ist der Heißkleber. Schmelzklebstoffe sind lösungsmittelfreie Klebstoffe in Stangenform, die von einer Heißklebepistole erwärmt und auf die zu verklebenden Teile aufgetragen werden. Beim Abkühlen verfestigt sich der Kleber und härtet aus, sodass bereits nach zwei Minuten eine belastbare Klebeverbindung besteht. Schmelzklebstoffe werden vor allem in der Verpackungs- und Papierindustrie sowie in der Holz- und Möbelindustrie angewandt.

> ### Kämpfen und kleben mit Harz
> Bienen kleben übrigens nicht nur mit Wachs. Einige stachellose Arten verwenden Harze, die sie in ihrem Nest lagern und bei Bedarf mit den Mundwerkzeugen aufnehmen, um Feinde unschädlich zu machen. Während des Kampfs werden diese Harzklümpchen auf die Angreifer geschleudert, die so immer weiter verkleben und schließlich kampfunfähig sind. Auf diese Weise können die Bienen auch wesentlich größere Gegner besiegen. Allerdings konnte noch nicht geklärt werden, wie sich die Bienen selbst vorm Verkleben schützen.

Aufgrund seiner ausgezeichneten Klebeeigenschaften war es früher üblich, Bienenwachs als Kleber zu verwenden. Man fand sogar islamischen Schmuck, bei dem Edelsteine durch Bienenwachs eingefasst wurden.

Greifen, Zwicken, Schneiden
Zangenwerkzeuge verschiedener Tierarten

Zangen und ganz allgemein Greifwerkzeuge gehören zu den Handwerksgeräten, die nahezu in jedem Haushalt vorhanden sind, und das bereits nicht nur seit vielen Hundert, sondern mehreren Tausend Jahren. Wie man solche Werkzeuge konstruiert, zeigt die Natur an zahllosen Beispielen.

Ein vielseitiges Werkzeug

Seit wann die ersten Zangenwerkzeuge dem Menschen das Greifen erleichtern, kann nicht eindeutig datiert werden. Man geht aber davon aus, dass sie schon sehr früh zum Greifen und Bewegen heißer Gegenstände wie Kohle, Tiegel oder Schmiedeteile verwendet wurden. Frühe Darstellungen von Zangen finden sich auf griechischen Vasen der Antike; sie sind also rund zwei- bis dreitausend Jahre alt. Hier werden sie zumeist als Werkzeug des Hephaistos, des griechischen Gottes des Feuers und der Schmiede, dargestellt.

Das schlichte Zangenwerkzeug der Antike hat sich jedoch seit damals weiterentwickelt und wird heute in den unterschiedlichsten Anwendungsgebieten verwendet. In der Medizin werden kleinste Zangen bei Operationen verwendet, nicht zuletzt werden Zähne seit eh und je mithilfe von Zangen gezogen. Darüber hinaus sind sie im Handwerk und in der Indus-

trie unverzichtbar. Und natürlich kommen sie in der Küche zum Einsatz. So unterschiedlich diese Anwendungen auch sind, das Grundprinzip, nach dem eine Zange funktioniert, ist stets dasselbe: Zangen kann man in drei Abschnitte unterteilen, Griff, Gelenk und Zangenkopf. Sie funktionieren nach dem Hebelprinzip – zwei zweiseitige Hebel sind durch ein Gelenk miteinander verbunden. Dank des Hebelprinzips ist die Wirkung, die eine Zange entfaltet, enorm groß: Man braucht nur ein wenig zuzugreifen, schon hat man das Objekt sicher im Griff.

Zahlreiche Vorbilder in der Natur

Nicht nur in unseren Werkzeugkisten befinden sich viele unterschiedliche Zangen; zahl-

> #### Harmlos und nützlich
> *Auch der Ohrwurm besitzt eine Zange an seinem Hinterleib. Diese Zange ist bis heute Anlass für üble Gerüchte. So glauben noch immer einige, dass er nachts Schlafenden ins Ohr krabbelt und am Trommelfell nagt. Das ist jedoch völliger Unsinn, denn die Zange des Ohrwurms ist nicht stark genug, um an der menschlich Haut zu ritzen.*

reiche Beispiele mit Vorbildcharakter findet man in der Natur, insbesondere im Tierreich. Weil so viele Tiere mit zangenartigen Greifinstrumenten ausgestattet sind, ist es nicht möglich zu sagen, welches Tier für welches Werkzeug Pate gestanden hat.

Im Insektenreich verfügt der Hirschkäfer über eine überaus kräftige Zange. Bei seiner Zange handelt es sich um den Oberkiefer des männlichen Hirschkäfers, der – und so ist das Insekt zu seinem Namen gekommen – einem Hirschgeweih sehr ähnlich sieht. Der Hirschkäfer benutzt seinen Oberkiefer als Werkzeug und als Waffe.

Auch der Oberkiefer des Ameisenlöwen, eines Insektes, das zur Ordnung der Netzflügler gehört, ist wie eine Zange geformt. Sein Oberkiefer ist ein Allroundwerkzeug, das als Sandwurfschaufel, Festklemmeinrichtung, Anstechapparat und Saugvorrichtung dient. Anders als bei den Hirschkäfern sind bei den Zikadenwespen nur die Weibchen mit Greifzangen ausgestattet. Diese befinden sich an den Vorderbeinen. Mit diesem pinzettenartigen Greiforgan klemmen sich die Zikadenwespenweibchen an einem Wirtstier fest. Dieses Prinzip funktioniert in ähnlicher Weise wie der Clip, mit dem man Hosenträger vorn am Hosenbund befestigt.

Die bekanntesten Zangen in der Natur besitzen
wohl eindeutig die Krebstiere. Mit ihren Zangen,
meist Scheren genannt, können Krebse und Co. eine
ungeheure Kraft aufbringen. Je nach Krebsart kann
das Tier sogar so stark sein, dass es selbst einen
menschlichen Finger oder Zeh abknipsen kann.

Mollige Wärme durch einen Hauch von Nichts
Fell und Federkleid

Egal ob Winter oder Sommer, ob Regen oder Sonnenschein – Tiere sind immer bestens an ein Leben unter freiem Himmel angepasst. Der Schlüssel dazu ist ihr Fell bzw. sind ihre Federn. Inzwischen versucht man, moderne Kleidung zu entwickeln, die ähnliche Eigenschaften wie Fell und Federn hat.

Wärmende Luftpolster

Der Aufbau ihres Fells sorgt dafür, dass viele Tiere gut gegen Kälte geschützt sind. Direkt oberhalb der Haut befindet sich als unterste Fellschicht das Unterfell. Es ist zumeist flauschig und sehr dicht. Weil das Unterfell so wollig ist, kann sich hier eine Menge Luft in den Zwischenräumen ansammeln. Die Luft, die im Unterfell eingeschlossen ist, ist der entscheidende Faktor bei der Wärmeisolierung. Sie wird durch die Körpertemperatur erwärmt und hält das Tier warm. Geschützt wird das Unterfell durch das wesentlich drahtigere und festere Deckfell, auch Deckhaar genannt. Es isoliert das feine Unterfell und sorgt dafür, dass die dort eingeschlossene Luft nicht zu sehr abkühlen kann.

Ganz ähnlich wie Tierfell ist auch das Federkleid von Vögeln aufgebaut. Dem Unterfell entsprechen bei Vögeln die Daunen. Sie halten die wärmende Luft nah am Vogelkörper und sorgen dafür, dass er nicht auskühlen kann. Geschützt und bedeckt werden die Daunen von den ebenfalls robusteren Deckfedern.

Selbst Stahlwolle hält warm

Auch bei der Kleidung, die wir jeden Tag tragen, spielt die Luft eine zentrale Rolle, wenn es darum geht, den Körper warm zu halten.

> ### Warm und fast so weich wie Daunen
>
> *Seit Mitte des letzten Jahrhunderts haben die Naturfasern Konkurrenz bekommen. Damals hatte man Verfahren entwickelt, Chemiefasern so zu verändern, dass sie ganz bestimmte Trageeigenschaften besitzen. Wie viel Luft im Textil eingeschlossen wird, und wie gut das Kleidungsstück isoliert, hängt vor allem von der Fasersteifigkeit und besonderen Verarbeitungstechniken ab. Vliesmaterialien aus röhrenförmigen Hohlfasern mit hoher Bauschkraft, isolieren inzwischen nahezu genauso gut wie das Vorbild aus der Natur – die Daunenfedern. Da die Hohlfilamente relativ steif sind, können sie auch nicht so leicht zusammengedrückt werden und bewahren auch unter Belastung ihr wärmendes Luftpolster.*

Von unseren Jacken und Mänteln halten uns nicht die textilen Materialien warm, wie man angesichts weicher Wolle meinen sollte, sondern die Luft, die die Kleidung umgibt. Die Aufgabe guter Winterkleidung ist es, dafür zu sorgen, dass sich eine ausreichend dicke Luftschicht um den Körper bilden kann, die als Isolationsschicht gegenüber der weitaus kühleren Umgebungsluft dient. Warme Kleidung funktioniert also nach demselben Prinzip wie die Daunen von Vögeln und das Unterfell bei Tieren. Die vom Körper erzeugte Wärme wird durch das Luftpolster in der Kleidung am Körper gehalten und sorgt für wohlige Wärme.

Da jedes Fasermaterial, egal ob Wolle, Seide oder Chemiefaser, eine mindestens zehnmal so hohe Wärmeleitfähigkeit als Luft hat, ist die Fähigkeit der Faser, Luft zwischen den Fasern festzuhalten und den Austausch mit der Umgebungsluft zu unterdrücken, ganz entscheidend. So gesehen kann Kleidung aus jeglichem Material, das sich dem Körper anpasst, gefertigt werden. Aus diesem Grund ginge bei einem Pullover, der nicht aus Schaf-, sondern aus Stahlwolle gefertigt ist, ebenfalls nur etwa zehn Prozent der Wärmeisolation verloren. Warum es keine Stahlwollepullis gibt, liegt also nicht an der fehlenden Wärme, sondern allein am Tragekomfort.

Egal ob wir eine Winterjacke mit dickem
Fellkragen oder gar einen Pelzmantel in der kalten
Jahreszeit tragen, entscheidend ist nicht das
Material an sich, sondern dessen Isolierfähigkeit
gegenüber der kalten Außenluft.

Sicher navigieren ohne Sicht
Delfine und Fledermäuse

Fledermäuse haben eine einzigartige Fähigkeit – sie können sich in völliger Dunkelheit orientieren. Delfine nutzen dasselbe Medium wie die Fledermaus, allerdings zur Kommunikation mit ihren Artgenossen. Die Art und Weise, wie beide Tiere Gegenstände bzw. Artgenossen wahrnehmen, hat Technikern und Ingenieuren zu mehreren Erfindungen verholfen.

Schallwellen außerhalb des hörbaren Bereiches

Bis vor rund acht Jahrzehnten konnte man sich den Orientierungssinn von Fledermäusen in völliger Dunkelheit nur mit übernatürlichen Fähigkeiten erklären. Im Jahr 1938 kam der amerikanische Biologe Donald Griffin (1915–2003) dem Rätsel auf die Spur: Er entdeckte, dass Fledermäuse Hindernisse und

---

Ultraschallorgan der Fledermaus
Fledermäuse können Ultraschall sowohl mit ihrem Maul als auch mit ihrer Nase erzeugen. Welches Organ sie dazu benutzen, hängt davon ab, welcher der beiden übergeordneten Tierfamilien das Tier angehört. Denn Hufeisennasen erzeugen Ultraschallwellen mit ihrer Nase, während Glattnasen dafür ihr Maul benutzen.

Beute mit Ultraschall orten. Ultraschall nennt man Schallwellen in einer Frequenz zwischen rund 20 kHz und 10 GHz, die höher liegt, als wir Menschen sie wahrnehmen können.

Das ausgezeichnete Gehör der Fledermaus kann die hohen Frequenzen im Ultraschallbereich mühelos wahrnehmen. Darüber hinaus besitzen sie auch ein Organ, das selbst Ultraschallwellen erzeugt. So verfügen sie sowohl über einen Sender als auch über einen Empfänger. Senden sie Ultraschallimpulse aus, reflektieren die Gegenstände, auf die der Schall trifft, das Signal. Diese Reflexionen nehmen Fledermäuse zeitverzögert wahr. Aus dem reflektierten Signal können sie Informationen über die Größe und Entfernung des Hindernisses, seine Richtung und die Beschaffenheit ermitteln. Diese Informationen reichen aus, dass sich die Tiere mühelos in absoluter Dunkelheit zurechtfinden.

Ultraschalltechnik ist längst ein Teil unseres Alltags: Hundetrainer senden mit Hundepfeifen Töne im Ultraschallbereich aus, um den Tieren Befehle zu übermitteln. Weitaus aufwendiger sind Techniken, wie sie z. B. Geologen einsetzen. Unter dem Begriff Echoortung sind mehrere Techniken vereint, die auf Basis von Ultraschall funktionieren. Neben dem Echolot, mit dem man Fluss- oder Meeres-

tiefen ausmessen und sogar Fischschwärme aufspüren kann, dient auch das Sonar zur Navigation und Distanzmessung in der Schifffahrt. In der Medizin wird Ultraschall etwa in der Gynäkologie und zur Untersuchung von organischem Gewebe eingesetzt.

Ultraschall unter Wasser

Neben Fledermäusen setzen Delfine ebenfalls Ultraschalltöne ein, um miteinander zu kommunizieren. Delfine variieren allerdings die Ultraschallfrequenz, um sicherzustellen, dass die anderen Artgenossen die Botschaft auch trotz vieler störender Geräusche unter Wasser erhalten. Diesen „Singsang" überlagern die Delfine noch mit einem zweiten Signal, das die eigentliche Nachricht enthält. So können die Empfänger selbst Nachrichten wieder zusammensetzen, die in einer falschen Reihenfolge ankommen, weil beispielsweise Teile durch Reflexion an Fischschwärmen einen anderen Weg genommen haben.

Nach dieser Methode funktionieren z. B. auch Tsunami-Frühwarnsysteme. Sie senden Informationen über seismische Aktivitäten von der Meeresbodenoberfläche zu einer Boje. Dort müssen die Signale richtig interpretiert werden, um keinen Fehlalarm auszulösen oder – umgekehrt – keinen Tsunami zu „verpassen".

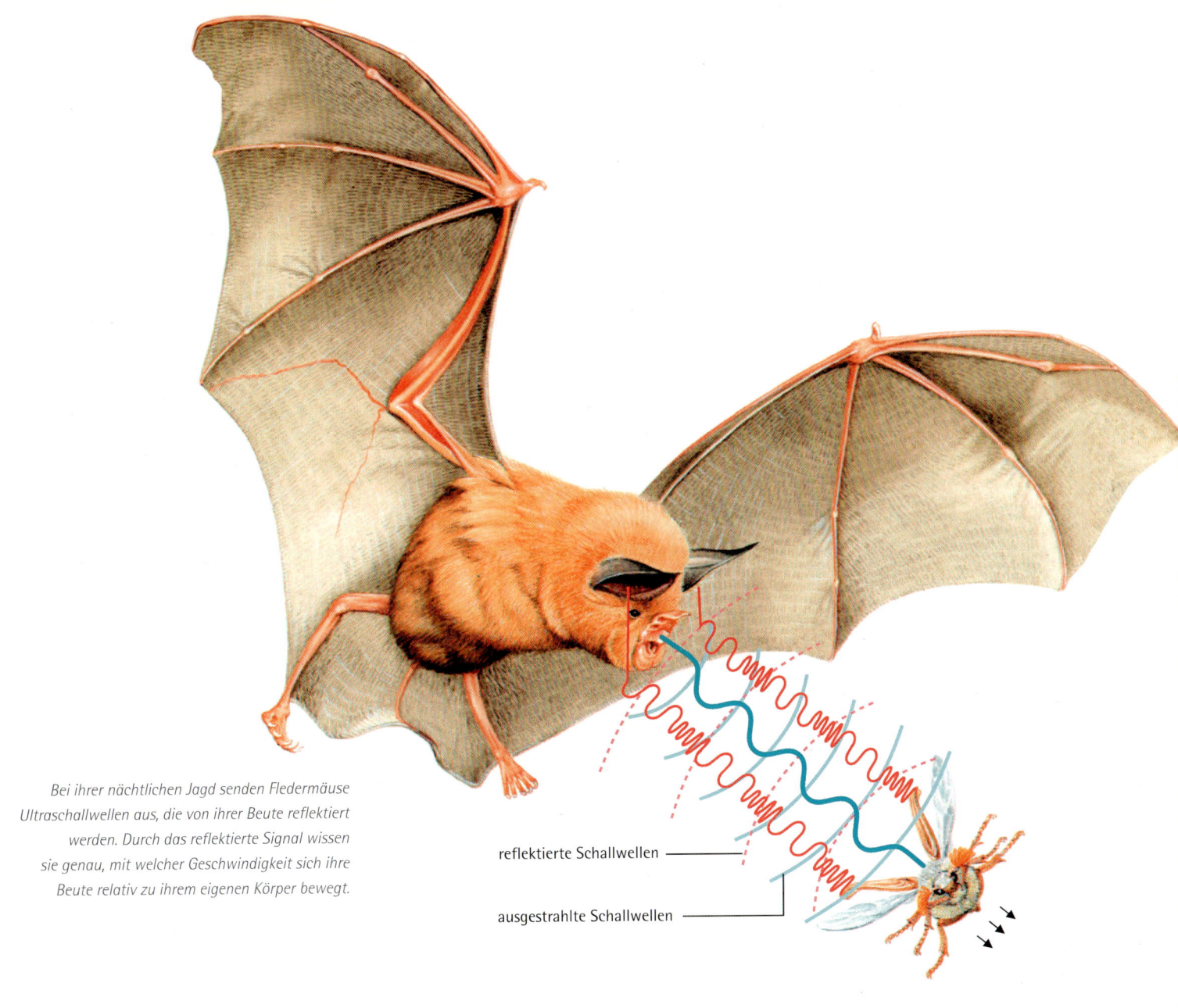

Bei ihrer nächtlichen Jagd senden Fledermäuse Ultraschallwellen aus, die von ihrer Beute reflektiert werden. Durch das reflektierte Signal wissen sie genau, mit welcher Geschwindigkeit sich ihre Beute relativ zu ihrem eigenen Körper bewegt.

reflektierte Schallwellen

ausgestrahlte Schallwellen

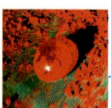

So bleiben Oberflächen sauber
Der Lotuseffekt

Staub, Ruß, Blütenpollen und andere Kleinstpartikel – in der Luft befindet sich eine Unzahl kleinster Schwebstoffe. Mit Regen, Tau und Nebel gelangen sie an die Oberflächen im Freien stehender Gegenstände und bilden hierauf mit der Zeit einen Schmutzfilm. Ganz anders bei einigen Pflanzenarten: An ihren Blättern bleibt selbst über lange Zeit nichts haften. Welches Prinzip steckt dahinter und wie kann man es technisch nutzen?

Pflanzliche Selbstreinigung
Je glatter eine Oberfläche ist, desto besser kann Wasser daran abfließen – das war lange die Lehrmeinung der Physiker. Als in den 1970er-Jahren der Botaniker Wilhelm Barthlott (* 1946) und seine Kollegin Nesta Ehler (* 1945) Blattstrukturen untersuchten, fiel ihnen etwas auf: Blätter mit glatten Oberflächen sind meist schmutziger als Blätter, bei denen unter dem Rastermikroskop raue Strukturen zu erkennen sind.
Erst Ende der 1990er-Jahre entdeckte Barthlott zusammen mit seinem Doktoranden Christoph Neinhuis (* 1962), dass der Selbstreinigungseffekt am besten an der Lotuspflanze *Nelumbo nucifera* (Indischer Lotus) ausgeprägt ist. Ihre Oberfläche besteht aus stark gewölbten bzw. noppenförmigen Zellen, die Wasser abweisende Wachskristalle absondern. Oder, allgemeiner und wissenschaftlich ausgedrückt: Selbstreinigende Oberflächen sind mikrostrukturiert und haben eine hydrophobe, d. h. Wasser abweisende Beschichtung.

Die Wassertropfen berühren – mit den in ihnen enthaltenen Schmutzpartikeln – die Oberfläche nur zum Teil, eben an den Stellen, an denen sich die Noppen der Blattoberfläche befinden. Die Adhäsions-, d. h. Anhangskraft zwischen den Schmutzpartikeln und den Noppen ist geringer als die Anhaftung zwischen Schmutz und Wasser. Der Schmutz bleibt nicht an der Pflanzenoberfläche haften, sondern fließt mit dem Wasser ab. Die Selbstreinigung funktioniert sogar so gut, dass selbst stark haftende Flüssigkeiten wie Honig oder flüssiger Klebstoff

---

Preisgekrönte Entdeckung
Nie mehr putzen – davon träumen viele. Selbstreinigende Oberflächen sind zudem generell beständiger und langlebiger als Oberflächen, auf denen Schmutz und Schadstoffe haften. Kein Wunder also, dass die Entdeckung des Lotuseffekts mit mehreren Preisen, darunter der Deutsche Umweltpreis (1999) und die Treviranus-Medaille (2001), ausgezeichnet wurde.

---

der Lotuspflanze nichts anhaben können. Allerdings dient diese Fähigkeit nicht nur zur Selbstreinigung, sie ist auch ein Schutzmechanismus der Pflanze. Er bewirkt, dass diese nicht von schädlichen Organismen befallen werden.

Ein Prinzip, mehrere Anwendungen
Die Entdeckung des Lotuseffekts erlaubt verschiedenste Anwendungen. Die bekannteste davon ist die Lotuseffekt-Fassadenfarbe. Sie ist so strukturiert, dass Schmutzpartikel und Wasser kaum an der Oberfläche haften. Der Schmutz, der mit dem Regen auf die Wand gelangt, fließt mit dem Wasser ab. Die Wand bleibt auf diese Weise sauber und kann außerdem nicht durchfeuchten. Auch spezielle Dachziegel machen sich dieses Prinzip zunutze: Die „Lotus-Dachziegel" erhalten beim Brennen eine spezielle Oberflächenversiegelung, die bewirkt, dass organische Partikel wie Ruß, Moos und Algen zunächst vom Sonnenlicht zerstört werden. Regnet es dann auf das Dach, werden die zersetzten Partikel mit dem Wasser abgewaschen. Auch Bodenbeläge und Beschichtungssprays mit Lotoseffekt wurden bereits entwickelt. Autolacke, die den Effekt nutzen, konnten sich hingegen nicht auf dem Markt durchsetzen, da sie aufgrund der erhöhten Mattheit optisch weniger ansprechend waren.

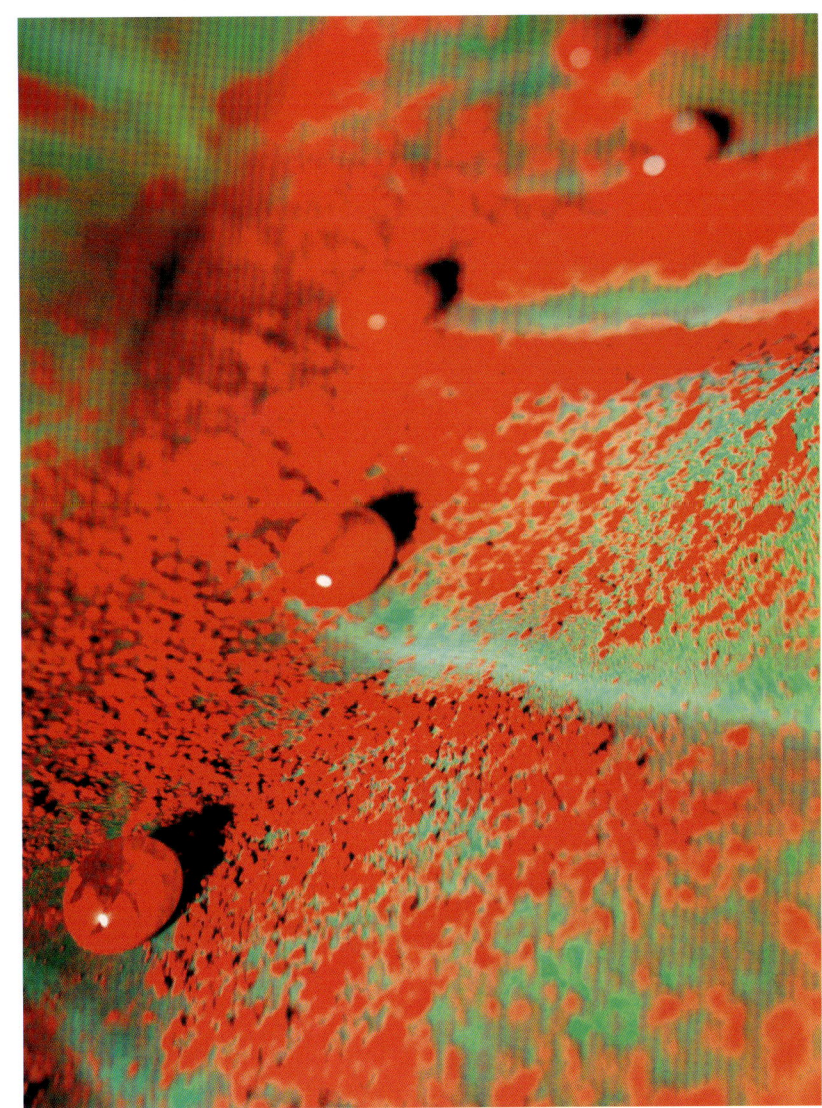

Der Lotuseffekt ist nich nur allein an der Lotuspflanze Nelumbo nucifera zu beobachten, sondern auch an zahlreichen Käferarten sowie an vielen anderen Pflanzen. Beispielsweise perlen Wasser und Schmutz ebenfalls von den Blättern von Kohlrabi oder der Kapuzinerkresse ab, vorausgesetzt weder saurer Regen noch chemische Spritzmittel haben die Blattoberfläche der Pflanze beschädigt.

Sicher und dicht verpackt
Blütenknospen

Bevor im Frühling die ersten Blüten zu sehen sind, sind diese wochen- und monatelang auf engstem Raum unter schützenden Blättern verborgen – der Knospe. Sie hält die zarten Blüten und ersten Blätter vor der Witterung geschützt. Wissenschaftler und Techniker haben nach dem Beispiel der Knospe eine neue Verpackungsmethode für besonders empfindliche Waren entwickelt.

Die Natur als Verpackungskünstler

Dass die empfindlichen Bestandteile von Blatt- und Blütenknospen so gut geschützt sind, liegt an ihrem Aufbau. Grundsätzlich besteht eine Knospe aus der Knospenachse, das ist ein Teil des Stängels, und den Knospenblättern. Sie sitzen an der Achse und liegen zunächst noch dicht aufeinander. Oft sind dann die äußeren Blätter schuppenförmig angeordnet. Dieser Aufbau der Knospe gewährleistet einen hervorragenden Schutz der innen liegenden, zarten Blätter.

Häufig sind die äußeren Blattorgane einer Knospe noch zusätzlich geschützt. Ein solcher Überzug kann z. B. aus feinen Härchen bestehen. Wesentlich häufiger trifft man aber auf ein klebriges, aus Harz oder aus Harz und Gummi bestehendes Sekret, das die Knospenschuppen miteinander verklebt und sie

vollständig überzieht. Auf diese Weise kann weder Eis noch Schnee den feinen Blättchen im Inneren der Knospen etwas anhaben. Das ist auch besonders wichtig, denn bei sehr vielen Pflanzen bilden sich die Knospen schon vor Einbruch des Winters aus – beispielsweise bei der Kirsche geschieht das sogar schon im Mai des Vorjahres.

Schrumpfende Verpackung für empfindliche Waren

Waren, die zum Kauf angeboten werden, werden vor allem aus zwei Gründen verpackt: Um möglichst bald Käufer zu finden, soll die Ware vor Beschädigung geschützt werden und sie

> ### Auspacken mit Weitwurf-Effekt
>
> *Allen Verpackungen gemeinsam ist, dass sie geöffnet werden müssen. Die Natur hat dafür eine Fülle von Mechanismen entwickelt. Ein außergewöhnliches Beispiel für die Technik des Entpackens sind die Samenkapseln des Springkrauts. Diese Kapseln öffnen sich explosionsartig, wenn sich eine bestimmte Spannung im Inneren aufgebaut hat. Auf diese Weise wird der Samen des Springkrauts mit einem Mal sehr weit in die Umgebung verstreut.*

soll – auch dank der Verpackung – attraktiv aussehen. Bei Lebensmitteln, vor allem bei Obst und Gemüse, sind seit einiger Zeit Verpackungen gebräuchlich, die nach dem Motto „weniger ist mehr" konzipiert sind. Die Rede ist von den sogenannten Schrumpffolien. Dabei handelt es sich um Kunststofffolien aus Polyethylen, die ganz besondere Eigenschaften aufweisen. Zunächst einmal unterscheiden sie sich nicht sonderlich von herkömmlichen Kunststofffolien, sie können auf dieselbe Weise und mit denselben Maschinen verarbeitet werden. Doch es gibt eine wichtige Besonderheit: Diese Folien schrumpfen unter Wärmeeinwirkung auf etwa die Hälfte ihrer ursprünglichen Größe. Das Schrumpfen der Verpackung hat mehrere Vorteile: Die Folie legt sich eng um den zu verpackenden Gegenstand und schützt ihn ganz ähnlich wie die äußeren Blätter eine Knospe vor Umwelteinflüssen. Bei Lebensmitteln bewirkt diese Form des Einschweißens, dass Obst beispielsweise länger frisch bleibt. Nicht nur Lebensmittel werden mit Schrumpffolien geschützt: Dieses Einpackverfahren wird auch in der Automobilindustrie angewandt, um den empfindlichen Lack der Autos vor Beschädigung beim Transport zu schützen.

Wenn im Frühjahr die Knospen aufspringen und ihre Blüten und Blätter entfalten, zeigt sich, dass die Natur ein wahrer Verpackungskünstler ist. Vergleicht man das Volumen einer Blüte oder eines Blattes mit dem Raum, den es in der Knospe eingenommen hat, kann man sich sehr gut ein Bild davon machen, wie eng und effizient Blätter und Blüten in der Knospe „verpackt" waren.

Entspiegelte Oberflächen für Handy & Co.
Mottenaugen

Da Motten im Alltag als Feinde aller natürlichen Textilfasern gelten, haben sie generell einen eher schlechten Ruf. Im Bereich der Technik ist ihr Ansehen jedoch umso höher: Die nachtaktiven Insekten nutzen das wenige Licht der Nacht optimal aus und ihre Augen reflektieren zudem so gut wie kein Licht. Dieser Effekt lässt sich insbesondere in der Technik überall dort nutzen, wo eine spiegelungsfreie Sicht und eine effektivere Nutzung der Lichtenergie gefragt ist.

Nanostruktur als Tarnung

Kleine Lebewesen, die größeren Tieren als Beute dienen, haben nur dann eine Überlebenschance, wenn sie selbst möglichst schlecht sichtbar sind. Motten haben hierzu nicht nur im Verlauf der Evolution ihre Körperfarbe ihrer dunklen Umgebung angepasst, die großen Augen der kleinen Insekten verraten sie im Dunkeln zudem auch dann nicht, wenn Licht auf sie trifft.

Worauf beruht dieser Effekt? Die Oberfläche der Mottenaugen ist im Abstand von etwa 230 Nanometern von Linien durchzogen, die ungefähr 300 Nanometer dünn sind. Diese sind so angeordnet, dass sie die Form kleiner zusammengesetzter Sechsecke ergeben. Durch die Gitterrillen entstehen Noppen, die kleiner

als die Wellenlänge des Lichts sind. Die Gitterstruktur erzeugt dadurch eine sehr geringe Lichtbrechung, sodass das Licht vom Mottenauge kaum reflektiert wird.

Nicht reflektierendes Glas

Eine ähnliche Struktur entwickelten Forscher der Fraunhofer-Gesellschaft für die Verringerung der Lichtbrechung von Glas durch das Einbringen winziger Luftblasen. Auch bei Kunststoffen existieren verschiedene Verfahren, mit deren Hilfe eine Noppenstruktur erzeugt werden kann, die die gleiche Wirkung hat wie die Gitterlinien der Mottenaugen. So ist es etwa möglich, Gitterstrukturen auf Kunststoffen aufzuprägen oder die Oberflä-

---

Schlüsselbereich der Oberflächentechnik

Die Oberflächentechnik, die mit Strukturen im Nanometerbereich arbeitet, gilt heute als eine Schlüsseltechnologie, in der deutsche Industrieunternehmen und Forschungsinstitute eine führende Stellung einnehmen. Ein großer Teil dieses Forschungsbereichs ist die Entspiegelung von Oberflächen, egal ob aus Glas, Kunststoff oder Metall.

---

che des Kunststoffs mit Ionen zu beschießen, wobei die Einschlagspuren die Mottenaugenstruktur erzeugen. Inzwischen gibt es zudem ein Verfahren, bei denen die Nanostrukturen durch eine Lackschicht z.B. auf Solarzellen aufgetragen werden.

Industrielle Anwendung

Der Bedarf an entspiegelten Oberflächen ist riesig – man denke nur an Displays von Messgeräten, Handys, Taschenrechnern oder im Bereich von Autoarmaturen. Bei Linsen, etwa von Projektoren, erzielen zudem entspiegelte Kunststoffgläser einen deutlich höheren Wirkungsgrad, sodass hierdurch Energie gespart werden kann. Nicht reflektierende Solarzellen und Sonnenkollektoren nutzen die Technologie ebenfalls, um durch die vermehrte Aufnahme der Sonnenstrahlen mehr Energie erzeugen zu können. Um den Lesevorgang bei CDs zu verbessern, werden inzwischen außerdem optische CDs mit einer Antireflexstruktur ausgestattet.

Nachtfalter, umgangssprachlich auch als Motten bezeichnet, gehören wie dieser Eulenfalter zu den Schmetterlingen und bilden das nachtaktive, eher trist gefärbte Gegenstück zu bunten Tagfaltern.

Nur noch ein kleiner „Pieks" – die Spritze erobert die Medizin
Stachel der Honigbiene

Bienen gehören zu den Tieren, die Bionikern besonders viele Ideen für technische Anwendungen liefern – man denke nur an Bienenwaben und das Bienenwachs. Doch damit nicht genug: Der Stachel dieses außergewöhnlichen Insekts ist das Vorbild für Injektionskanülen in der Medizin.

Bienen und ihre Stacheln
Bienen, die über einen Giftstachel verfügen, werden als Stechimmen bezeichnet. In einem Bienenvolk können jedoch nur die Bienenweibchen stechen; Männchen besitzen keinen Stachel, da ihnen die Erbanlage dazu fehlt. Bienen besitzen zwei unterschiedliche Giftdrüsen. Die sogenannte saure Giftdrüse besteht aus zwei langen Schläuchen, die das Gift in einen inneren Gang abgeben. Über einen gemeinsamen Ausführgang gelangt das Gift in die Giftblase und wird dort gespeichert. Die zweite Drüse wird alkalische Drüse oder dufoursche Drüse genannt. Sie stellt kein Gift, sondern eine alkalische Gleitflüssigkeit her. Der Stachelapparat liegt in einer Stachelkammer im letzten Hinterleibsegment der Biene. Er besteht aus zwei mit Widerhaken versehenen Stechborsten und der Stachelrinne. Beide greifen ineinander, um eine Giftkanüle innerhalb des Wehrstachels zu bilden. Wenn die

Biene sticht, treibt sie Gift in die Stachelkanüle und die scharfen Stechborsten werden in die Haut des angegriffenen Tieres oder Menschen gestoßen. Beim Versuch, den Stachel aus der Haut wieder herauszuziehen, bleibt der Stechapparat im Opfer verankert und reißt aus dem Hinterleib der Biene. An den Folgen der Verletzung stirbt das Insekt dann.

Stacheln in der Medizin
Ganz besondere „Stacheln" sind seit rund 150 Jahren in der Medizin gebräuchlich, die Injektionskanülen. Erfunden hat sie der französischen Orthopäde Charles Gabriel Pravaz

(1791–1853). Eine Injektionskanüle ist eine äußerst feine Hohlnadel, die man dazu verwendet, Flüssigkeiten in den Körper hineinzuspritzen oder um dem Patienten Blut abzunehmen. Das Ende der Kanüle ist meist mit einem schrägen Schliff geschärft. Das hat seinen guten Grund: Der schräge Schliff verursacht beim Eindringen in das Gewebe einen kleinen Schnitt. Würde das Gewebe nicht zerschnitten, sondern wie bei einer einfachen Nadel nur verdrängt, wäre der Eingriff wesentlich schmerzhafter.

Wenn man eine Injektionskanüle herstellen will, muss man hauchdünnes Stahlblech, das nicht dicker als einen Zehntelmillimeter sein darf, um einen Metalldorn wickeln und verschweißen. Allerdings kann man auf diese Weise noch nicht die benötigte Feinheit des Instruments erreichen. Das geschieht, indem man das kleine Stahlrohr erhitzt und über einen Dorn, um den es gewickelt ist, zieht. Kanülen für Spritzen haben heute einen Außendurchmesser von 0,3 bis 0,9 Millimetern.

> ### Die Evolution des Bienenstachels
> Der Stachel der Honigbiene und der Bienen allgemein ist ein Wehrstachel. Das war bei den Vorfahren unserer heutigen Bienen noch anders. Sie nutzten den Stachel in erster Linie zur Eiablage. Das ist übrigens auch heute noch bei einer bestimmten Gruppe von Bienen, den Legimmen, der Fall. Im Laufe der Evolution hat sich bei den Honigbienen aus dem Legestachel schließlich der Giftstachel entwickelt. Auch die Giftdrüsen, die das Gift produzieren, bildeten sich erst im Laufe der Zeit.

Wie sehr ein Bienenstachel allein optisch einer Injektionskanüle gleicht, zeigt die Elektronenmikroskopaufnahme. Selbst den „schrägen Schliff" kann man im natürlichen Vorbild wiederfinden.

Würzen leicht gemacht
Die Mohnkapsel

Bei einigen Gegenständen aus unserem Alltag ist es durchaus überraschend, dass ihre Erfindung auf ein Vorbild aus der Natur zurückzuführen ist, wie beispielsweise der Salzstreuer.

Streuen als Dünge-Methode

Raoul H. Francé (1874–1943), der Erfinder des Salzstreuers, befasste sich um 1920 eigentlich mit einem ganz anderen Thema. „Ich studier-te um jene Zeit das Leben auf dem Acker-boden", erinnert er sich in seinen Memoiren. Francé wollte nämlich herausfinden, ob es den Ackerboden fruchtbarer machen würde, wenn man noch mehr von den bereits in der Erde enthaltenen kleinen Lebewesen auf ihm ver-teilte.

Eigentlich handelte es sich um ein ganz ein-faches Vorhaben. Doch dann drohte das Experiment zu scheitern, weil es mit den da-maligen Hilfsmitteln nicht möglich war, mit Lebewesen angereicherte Erde gleichmäßig auf einer Versuchsfläche zu verteilen. Francé versuchte es mit einem Salzfass, einem Puder-streuer, wie ihn Ärzte zu Beginn des 20. Jahr-hunderts verwendeten, und einem Zerstäuber. Doch der Erfolg war so gering, dass der Wis-senschaftler bereits zu verzweifeln drohte.

Die Mohnkapsel als Vorbild

In dieser Situation kam Francé der entschei-dende Gedanke. Er fragte sich, mit welchen Methoden in der Natur Gegenstände, z. B. Samen, ausgestreut werden. Nach einigem Nachdenken besann sich Francé auf die Mohnkapsel, die ihre Samen durch die spe-zielle Anordnung kleiner Löcher gleichmäßig ausstreut, wenn sie vom Wind hin und her bewegt wird.

„Jedermann kennt sie, jedermann weiß, dass die unter dem Deckel in Kreisen angeordne-ten Löcher dazu dienen, die kleinen Mohnkörner auszustreuen, aber noch nie hat jemand daran gedacht, dass hier eine Erfindung der Pflanze gegeben sei, welche die Unsrigen übertrifft." Zu diesem eindeutigen Schluss kam er, nachdem er den Sachverhalt im Labor vorher genauestens überprüft hatte.

Francé zeichnete daraufhin einen Salzstreuer nach dem Vorbild der Mohnkapsel und mel-dete ihn zum Patent an. Dabei kam es zu Komplikationen, denn um ein Patent an-melden zu können, muss die Erfindung etwas vollkommen Neues sein. Da aber die Erfindung des Streuers aus der Natur stammte, war eine Zulassung des Patents nicht selbstverständ-lich. Nach kurzer Zeit wurde ihm das Patent jedoch bestätigt. Dennoch wollte Francé nicht als Erfinder des Streuers gelten. Rückblickend schrieb er: „(...) ich bin nur ein elender Kopist der Natur. Das Wichtigste war mir das Prinzip, das richtige Gesetz."

Begründer der Bionik

Der 1874 in Wien geborene Rudolf Franze, der sich Raoul H. Francé nannte, studierte als Auto-didakt analytische Chemie und Mikrotechnik. Bereits mit 16 Jahren wurde er Mitglied der königlich-ungarischen naturwissenschaftlichen Gesellschaft. Ab 1897 studierte er Medizin. Das Ergebnis seiner 14 botanischen Forschungsrei-sen hielt er in dem achtbändigen Werk, „Das Leben der Pflanze", das auch als der Pflanzen-Brehm bezeichnet wird, fest. Insgesamt verfass-te er bis zu seinem Tod 60 Bücher und zahlrei-che populärwissenschaftliche Artikel. Durch seine Art zu forschen gilt er als einer der ersten Bioniker: „So ist eine neue Wissenschaft ent-standen", schloss er seine Erinnerung an die Erfindung des Salzstreuers, „die Biotechnik."

Die Kapselfrüchte des Schlafmohns werden auch als Porenkapseln bezeichnet. Nachdem die Pflanze verblüht ist, werden die Samen durch kleine Öffnungen an der Oberseite ausgesät.

Partygag aus der Natur
Schmetterlingsrüssel

Wohl jeder, der schon einmal einen Kindergeburtstag gefeiert hat, kennt die bunten Jahrmarktstuten oder Tröten, die sich entrollen, wenn man sie aufbläst. In der Natur funktionieren die Saugrüssel der Schmetterlinge und Falter nach demselben Prinzip.

Der Rollmechanismus der Jahrmarktstute

Bei einer Jahrmarktstute wird an ein Mundstück, das den monotonen Tröt-Ton hervorruft, wenn man hineinbläst, ein zusammengerollter Papierschlauch montiert. Bläst man nun in die Tute, ertönt nicht nur das Tröt-Geräusch. Ein weiterer Effekt ist, dass sich der Papierschlauch ruckartig entrollt. Sobald man aufhört, in das Spielzeug hineinzublasen, rollt sich der Schlauch von seinem Ende her wieder spiralförmig auf. Wie funktioniert der Ab- und Aufrollmechanismus? Das Rätsel ist leicht zu lösen. In den Papierschlauch ist ein Metallstreifen eingearbeitet, der – ähnlich einer Spiralfeder – aufgerollt ist. Wenn man in die Tute bläst, überwindet der Luftdruck, den man dadurch erzeugt, die Kräfte, die den Metallstreifen aufgerollt halten. Hört die Luftzufuhr auf, strebt die kleine Feder danach, in den entspannten, also aufgerollten Zustand zurückzufedern.

Schmetterlingsrüssel als natürliches Vorbild

Ganz ähnlich wie Jahrmarktstuten funktionieren auch die Rüssel von Schmetterlingen und Faltern. Schmetterlinge verfügen über einen Rüssel, den sie bei Bedarf aus- und wieder einrollen können. Gebildet hat sich dieser Rüssel im Laufe der Evolution aus den rechten und linken Mundwerkzeugen, den sogenannten Galeae des Insekts. Wie funktioniert aber

nun ein Schmetterlingsrüssel? Schmetterlinge blasen ihren Rüssel nicht auf; bei ihnen sorgen Muskeln und die Elastizität des Organs dafür, dass er sich nach Bedarf ausrollt bzw. zusammenrollt. Solange diese Muskelanspannung beibehalten wird, ist der Rüssel ausgerollt. Wenn die Kontraktion des Muskels nach einer Weile nachlässt, rollt sich der Rüssel aufgrund seiner eigenen Elastizität wieder zusammen.

Doch warum rollt der Schmetterling seinen Rüssel überhaupt ein? Betrachtet man einen Schmetterling mit ausgerolltem Rüssel, fällt auf, dass der Rüssel im Vergleich zum übrigen Körper eine stattliche Länge aufweist. Beim Fliegen würde der Rüssel den Schmetterling im ausgerollten Zustand behindern. Die Lösung: Eingerollt und dicht am Körper verstaut lässt sich der Rüssel am platzsparendsten und sichersten „transportieren".

Rüsselvarianten für Blüten- und Wabennektar

Die Länge von Schmetterlingsrüsseln ist je nach Schmetterlingsart unterschiedlich. Die Schwärmer haben hierbei die längsten Rüssel. Bei einer Schwärmerart, die in den Subtropen beheimatet ist, beträgt die Rüssellänge knapp 30 Zentimeter. Damit können die Schwärmer in die besonders engen Blütenhälse von Orchideen vordringen, um an deren Nektar zu gelangen. Der Rüssel des Totenkopfschwärmers ist hingegen der kürzeste Schmetterlingsrüssel. Mit ihm können die Tiere aber sehr viel Kraft aufwenden, um bereits verdeckelte Bienenwaben aufzustechen und den Nektar herauszusaugen.

Für Schmetterlinge und andere Insekten ist der Rüssel kein Spielzeug, sondern ein lebensnotwendiges Körperteil, der ihre Ernährung sichert: Mit ihm gelangen sie an den Nektar, der sich – je nach Blüte – mehr oder weniger tief unten in Blütenkelchen oder Bienenwaben befindet.

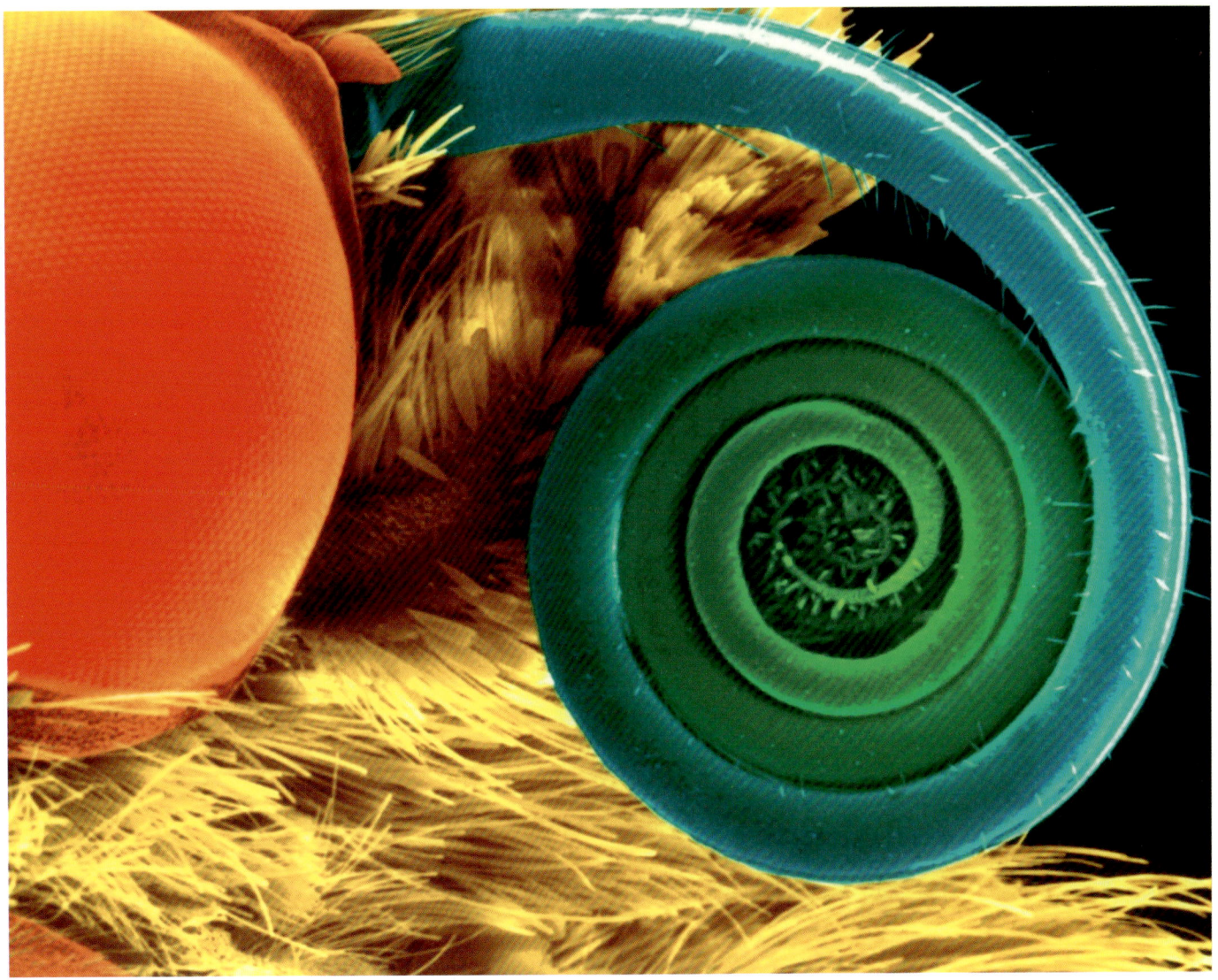

Holz revolutioniert die Papierherstellung
Wespennest

Bereits eine einzelne Wespe wird von vielen als Bedrohung wahrgenommen. Um einiges gefährlicher wirken meist ganze Wespennester. Dabei übersehen die meisten, dass sich hinter diesen Gebilden eine bionische Erfindung verbirgt, mit der jeder Tag für Tag zu tun hat – das Papier.

Ein Haus aus Papier

Für den Bau ihres Nestes raspeln Wespen von verwitterten Holzoberflächen feine Holzspäne ab und zerkauen sie mit einem Speichelsekret. Den Brei, der dabei entsteht, formen sie zu kleinen wabenförmigen Gebilden, wobei die Öffnung nach unten zeigt. Die Festigkeit

---

Wärmeisolation mit Papier

Ein Wespennest ist nicht nur sehr stabil, es besitzt auch hervorragende isolierende Eigenschaften. Es besteht nämlich aus mehreren Lagen Papier, die Lufträume einschließen. Daraus ergibt sich eine Wärmedämmung, die nur noch mit Styropor zu vergleichen ist. Geheizt wird das Nest durch die Körperwärme seiner Bewohner, die kaum nach außen dringen kann. Auf diese Weise herrscht auch an kalten Tagen im Nest eine angenehme Wärme.

---

erhält das Wespennest durch die parallel ausgerichteten Holzfasern. In der Technik nennt man ein auf diese Weise ausgerichtetes Material einen Faserverbundstoff.

Papierherstellung einst und jetzt

Bis Holz als Rohstoff für Papier eingesetzt wurde, stellte man Papier aus Lumpen, d. h. aus alter Kleidung, die aus Pflanzenfasern wie Leinen, Flachs oder Hanf gefertigt wurde, her. Die Lumpen, auch Hadern genannt, wurden sortiert, gereinigt und anschließend in Wasser gelegt. Aus dem entstehenden Brei konnten dann einzelne kleine Schichten – das Papier – abgeschöpft werden. Auf den Gedanken, statt Lumpen Holz zu verwenden, kam als Erster der französische Naturforscher René-Antoine de Reaumur (1683–1757) Anfang des 18. Jahrhunderts. Er beobachtete Wespen bei ihrer Tätigkeit und fand heraus, wie sie die Holzspäne verarbeiteten.

Auch die Naturbeobachter Jacob Christian Schaeffer (1718–1790) und Friedrich Gottlob Keller (1816–1895) entdeckten die Ähnlichkeit zwischen einem Wespennest und der Beschaffenheit von Papier. Schaeffer schrieb in dem 1762 erschienenen Buch „Die Kunst Papier zu machen": „Vielleicht, ich glaube gewiss, wäre ich und kein sterblicher Mensch je auf den

Gedanken gekommen, dass sich aus Holz Papier machen lasse, wenn es keine Wespennester gäbe."

Keller forschte seit etwa 1840 an Papierersatzstoffen, kam bei seinen Bemühungen aber auch nicht so recht weiter, bis er sich – per Zufall – einem Wespennest gegenübersah. „(...) bis ich ein Wespennest sah, dessen künstlicher Bau wie graues Papier aussieht und mich überzeugte, dass zu dessen Herstellung diese Tierchen sich der von der Natur gelösten Holzfasern bedienen", notierte der Forscher rückblickend. Besondere Vorteile sah Keller in der Herstellungsweise nach Wespenart, da Holz in großer Menge und preisgünstig zu bekommen war. 1843 stellte Friedrich Gottlob Keller mithilfe eines Schleifsteins aus Holz unter der Zugabe von Wasser einen Brei her, der zur Papierherstellung geeignet ist, den sogenannten Holzschliff. Bis allerdings die ersten Bücher und Zeitungen auf Holzpapier gedruckt wurden, vergingen noch rund 30 Jahre.

Wespennester sind sehr leichte und filigrane Gebilde. Sieht man sie genauer an, stellt man fest, dass das Baumaterial eines Wespennestes der Struktur von Papier äußerst ähnlich ist.

Ultrastarker Halt in Sekunden
Die Florfliege

Klebstoff ist keine Erfindung des Menschen, im Gegenteil. Die Natur beherbergt einige Tiere, die im Verkleben regelrechte Weltmeister sind. Seepocken, Feldwespen, Sonnentau und Florfliegen produzieren sehr effektive Klebstoffe. Dass gerade die kleine und zarte Florfliege einen sehr schnell aushärtenden und äußerst starken Kleber herstellt, ist eine der großen Überraschungen, auf die nicht nur Biologen einen genaueren Blick werfen.

Fester Halt für die Eier

Die Eiablage einer Florfliege ist ein sehr ungewöhnlicher und faszinierender Vorgang. Man kann sagen: Florfliegenweibchen legen 100 bis 900 Eier „am Stiel", denn Florfliegen befestigen ihre Eier mithilfe eines Klebstoffs, den sie selbst herstellen. Auch den ungefähr einen Zentimeter langen Stiel stellen sie durch ihren Kleber selbst her. Dabei ziehen die Florfliegenweibchen mit dem Hinterleib einen Tropfen einer äußerst klebrigen und anfangs noch flüssigen Substanz in die Länge. Oben auf diesem Faden, der blitzschnell zu einem Stiel aushärtet, wird dann jeweils ein Ei platziert. Diesen Vorgang wiederholt die Florfliege so lange, bis sie all ihre Eier abgelegt hat. Die Klebstoffflüssigkeit, die Florfliegen produzieren, besteht aus kurzen Proteinsträngen.

Wenn sie einmal in die Länge gezogen wurden, kommt es an der Luft zwischen den Proteinbruchstücken zu einer chemischen Reaktion. Bei diesem Vorgang bildet sich ein unentwirrbares Knäuel aus längeren Proteinsträngen, wodurch der Faden aushärtet. Man nennt eine solche chemische Reaktion auch Polymerisation. Dieser Vorgang dauert nur wenige Sekunden, weshalb man den Kleber der Florfliegen auch gern als Vorbild des Sekundenklebers nennt.

Lösungsmittelfreie Reaktionsklebstoffe

Sekundenkleber gehören zu der Gruppe der lösemittelfreien Reaktionsklebstoffe. Fachleute bezeichnen sie auch als Cyanacrylat-Klebstoffe. Den Namen Sekundenkleber haben

> *Geschichte des Sekundenklebers*
> Erfunden wurde der Sekundenkleber von der Firma Kodak im Auftrag des Militärs. Man war auf der Suche nach einer unzerbrechlichen Zieloptik für Panzer. Allerdings war Cyanacrylat dafür völlig ungeeignet. Später wurde die Klebeigenschaft der Substanz entdeckt und als Klebstoff eingesetzt.

sie bekommen, weil die chemische Reaktion, aufgrund derer sie aushärten, sehr schnell – buchstäblich innerhalb von Sekunden – vonstatten geht. Hier liegt die deutliche Parallele zum natürlichen Vorbild. Sekundenkleber „funktionieren" allerdings anders als das Sekret von Florfliegen. Doch worin unterscheiden sich die beiden Ultraschnellkleber? Der entscheidende Unterschied liegt in der chemischen Reaktion. Während bei der Klebeflüssigkeit der Florfliegen die Luft zum Aushärten führt, ist es beim Sekundenkleber die Feuchtigkeit. Genauer gesagt sind es die sogenannten OH-Gruppen, also Verbindungen aus Sauerstoff und Wasserstoff, die hier die hauptsächliche chemische Arbeit leisten. Zunächst werden die Proteinbruchstücke des Sekundenklebers durch eine Säure daran gehindert, sich zu langen Ketten, den Polymeren, zu verbinden. Kommt der Kleber nun mit Wasser in Verbindung, werden einige der Säuremoleküle neutralisiert, und die chemische Reaktion kommt in Gang.

Bei zu hoher Luftfeuchtigkeit oder direktem Kontakt mit Wasser kann es jedoch passieren, dass diese chemische Reaktion schlagartig abläuft. Die Verklebung hat hohe innere Spannungen und ist extrem spröde – der Kleber „hält" nicht gut.

Florfliegen gehören zu der Insektenfamilie der Netzflügler. Allein in Mitteleuropa gibt es schätzungsweise 35 verschiedene Arten, weltweit sind sogar 2000 verschiedene Arten bekannt.

Scharfe Klingen so viel man will
Die Zähne des Hais

Ein Hai – schon bei dem Gedanken, einem solchen Tier zu begegnen, läuft es den meisten kalt den Rücken hinunter. Während Haie zu den Tieren gehören, von denen man sich lieber fernhält, zählen sie bei den Bionikern zu den Favoriten: Haie standen bereits für mehrere technische Neuerungen wie z. B. eine Anti-Fowling-Folie für Schiffe Pate.

Jede Menge scharfer Zähne

Es ist nicht so sehr die Größe der Haizähne, die so furchteinflößend wirkt, sondern ihre Schärfe und nicht zuletzt die Menge. Selbst ein „harmloser" Hai wie der Walhai, der bis zu zwölf Meter lang werden kann, besitzt über 3000 Zähne. Und das, obwohl er sich in erster Linie von Plankton und Kleinstlebewesen ernährt. Was ist das Besondere an einem Haifischgebiss? Auf den ersten Blick sind sie unseren Zähnen gar nicht einmal so unähnlich. Wie menschliche Zähne bestehen sie aus zwei Teilen, der Wurzel und der Krone. Doch anders als beim Menschen sind die Zähne beim Hai nicht im Kieferknorpel eingebettet. Sie sind mit Bindegewebsfasern in der Haut fest verankert. Der Knorpelfischzahn besteht aus einer Markhöhle, Pulpa genannt, und einem Dentinkegel, der von einer Schmelzschicht, die Vitrodentin genannt wird, bedeckt ist.

Das Revolvergebiss macht den Unterschied

Der auffälligste Unterschied zu einem Säugetiergebiss ist das sogenannte Revolvergebiss der Haie, denn ein Hai verfügt nicht wie etwa der Mensch über nur eine Zahnreihe. Ihr Gebiss besteht aus – je nach Art – bis zu acht hintereinander stehenden Zahnreihen. Dabei stehen die Zähne in den vordersten Reihen senkrecht zum Kiefer, die hinteren Zahnreihen liegen zunächst am Gaumen an und richten sich erst im Lauf ihrer Entwicklung, also nach Bedarf, auf. Wenn ein Zahn aus der vordersten Reihe ausbricht, schiebt sich ein Zahn aus der zweiten Reihe nach vorn und vervollständigt das Gebiss des Hais. Dieser Zahn, der nun in der zweiten Reihe fehlt, wird dann – so ist es im genetischen Programm des Hais festgelegt – aus Stammzellen im Kiefer in der letzten Zahnreihe wieder neu gebildet. Die Art und Weise, wie Haie ihre Zähne ersetzen, ist einzigartig.

Inzwischen gibt es bereits schon eine bionische Anwendung, nach dem Beispiel der Haifischzähne – das Cutter- bzw. Teppichmesser. Cutter-Messer bestehen aus einem Griff und einer verstellbaren Klinge, die in mehrere Segmente unterteilt ist. Wenn die Spitze der Klinge, d. h. das vorderste Segment, stumpf wird, kann man die Klinge einfach ein Stückchen weiter nach vorn schieben und das defekte bzw. stumpfe Segment abbrechen. Auf diese Weise rückt ein scharfes Klingensegment nach und der Cutter schneidet wieder wie neu. Cutter-Messer gibt es seit den 1930er-Jahren; heute sind sie als Standardwerkzeug für Teppichleger unverzichtbar.

> ### Neue Zähne im Überfluss
> Weltweit sind Biologen damit beschäftigt, herauszufinden, wie aus den Stammzellen neue Zähne entstehen können. Ein erster Erfolg ist bereits sogar zu verbuchen: US-Forschern des Forsyth Institute in Boston ist es bereits gelungen, Schweinezähne in Laborratten zu züchten. Aber es wird wohl noch einige Jahre dauern, bis die ersten menschlichen Zähne gezüchtet werden können - falls es überhaupt jemals gelingt.

Haie verfügen über ein Revolvergebiss mit hintereinanderliegenden Zahnreihen. Die Substanz der Zähne enthält kaum organische Stoffe, was sie zusätzlich sehr hart und widerstandsfähig macht.

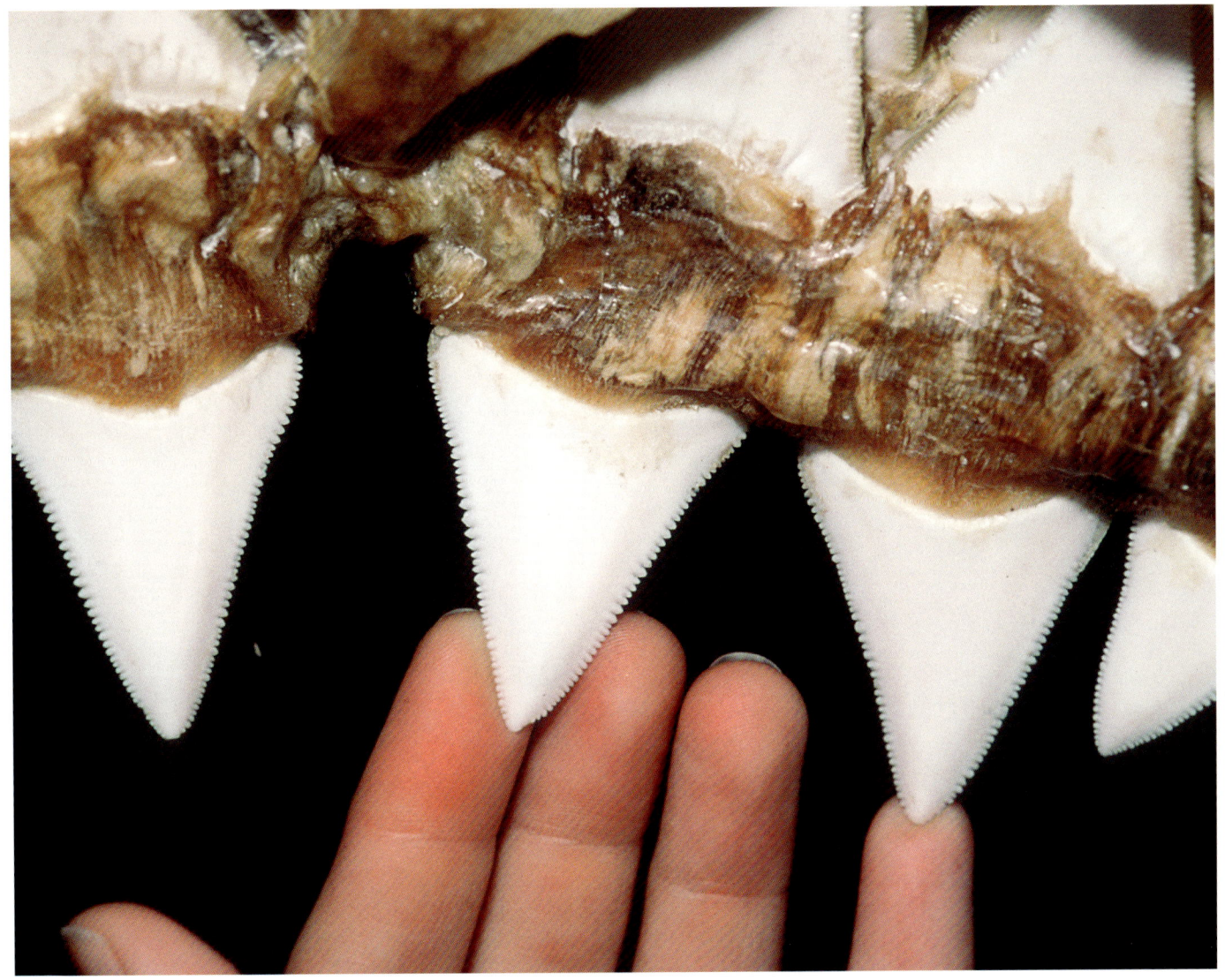

Sicherer Griff für Industrie und Medizin
Greifvogelkrallen

Sie packen blitzschnell zu, und was einmal in ihren Fängen ist, hat es schwer, wieder zu entkommen. Gemeint sind die Greiffüße von Greifvögeln. Ihr fester Griff hat Bioniker zu einer technischen Entwicklung inspiriert, die in ihrem Namen eigentlich auf eine andere Tierart verweist – die Polypengreifer.

Zupackend und ungeheuer kräftig

Hat ein Greifvogel erst einmal seine Beute erspäht, hat das Opfer kaum noch eine Chance, denn die Krallen der geschickten Jäger lassen selten ein Entkommen zu.
Die Füße oder auch Hände der Tiere – die Bezeichnung ist je nach Vogelart unterschiedlich – sind extrem kräftig. Die Krallen sind sehr scharf und so gebogen, dass die Jäger ihre Beute gut festhalten können.
Je nachdem, wie die Vögel jagen, sind die Krallen unterschiedlich ausgebildet. Sie können entweder sehr schlank und lang sein, um die meist kleine, flüchtende Beute noch zu erwischen. Das ist beispielsweise bei Weihen oder Sperbern der Fall. Bei einigen Arten sind die Krallen hingegen sehr kräftig, sodass auch größere Beute beim Zugriff schnell getötet werden kann. Adler und Eulen sind ein gutes Beispiel für diese Krallenvariante. Beim Habicht ist zudem noch die hintere Kralle besonders verstärkt. Er benutzt vor allem sie als Tötungswerkzeug. Die Krallen befinden sich an sehr langen und schlanken Zehen, die einen optimalen Griff erlauben.

Technische Anwendungen nach dem Vorbild der Greifvogelkralle

Greifvogelkrallen sind das Vorbild für die sogenannten Polypengreifer. Diese Greifwerkzeuge gibt es mittlerweile in unterschiedlichen Größen und Ausführungen. Eine sehr bekannte Variante wird auf Schrottplätzen eingesetzt. Polypengreifer, die an einem Kran befestigt sind, packen das Material mit einem festen Griff und transportieren es in die Schrottpresse.
Es gibt aber auch wesentlich filigranere Modelle. Sie werden z. B. in der Medizin eingesetzt, etwa, um bei Operationen Gewebe sicher und effektiv entfernen zu können. Bekannt ist das Prinzip des Greifens nach dem Vorbild der Vogelkrallen etwa auch bei verschiedenen Werkzeugen, Spielautomaten mit Greifarmen, Roboterarmen oder Greifbaggern. Unabhängig davon, für welchen Zweck und in welcher Größe Polypengreifer konstruiert wurden, eines ist ihnen allen gemeinsam: Sie sind so konstruiert, dass sie Objekte fest und sicher greifen und erst dann wieder loslassen, wenn das entsprechende Signal dazu gegeben wird.

> *Zangengreifer in der Industrie*
> *Zangengreifer, die an Vogelfüße erinnernde Bauform für technische Greifsysteme, ist die industriell am häufigsten genutzte Greifart. Sie kommen bei Greifmaschinen in einer Ausführung von einem bis zu mehreren Fingern vor, wobei der Greifer starr, gelenkig oder elastisch sein kann. Während bei Vögeln die Muskulatur während des Greifreflexes entspannt ist und die Vogelkrallen beim Greifvorgang durch das Eigengewicht zusammengedrückt werden, benötigen industrielle Greifsysteme für den Greifvorgang einen eigenständigen Antrieb. Hierbei sind je nach Verwendungszweck verschiedene Antriebsarten möglich, sei es ein mechanischer, pneumatischer oder elektrischer Antrieb.*

Fischadler gehören zu den Greifvögeln, die für ihre Jagd besonders kräftige und lange Krallen benötigen, damit ihnen ihre glitschige Beute nicht sofort wieder verloren geht. Beim Zugriff stößt der Fischadler mit vorgestreckten Beinen, meist parallel zur Wasseroberfläche, auf seine Beute zu.

Feuerschutz auf Schlangenart
Grubenorgan der Klapperschlange

Die Sinnesleistungen von Tieren sind oft sogar den empfindlichsten Messsystemen überlegen. So verfügen etwa einige Schlangenarten über natürliche Sensoren, die jeden Brandmelder und jede Alarmanlage in den Schatten stellen. Blitzschnell können sie Beutetiere aufspüren und sichern sich auf diese Weise das Überleben. Ein sensibles Erkennungssytem der Schlangen kann Temperaturschwankungen von 1/1000 °C wahrnehmen – im Vergleich zu einem künstlichen Infrarotsensor ein schier unglaublich guter Wert.

Mehr als nur klappern

Die Infrarotstrahlung ist Teil der optischen Strahlung. Ihr Wellenlängenbereich liegt zwischen 780 Nanometer und 1 Milimeter. Jeder Körper mit einer Temperatur oberhalb des absoluten Nullpunkts von etwa -273 °C gibt eine Infrarotstrahlung ab.

Das Grubenorgan der Klapperschlange ist mit Thermorezeptoren ausgestattet, womit sie Infrarotsignale aufnehmen kann. Über solche Rezeptoren verfügen auch wir Menschen, mit ihrer Hilfe können wir kalt und heiß voneinander unterscheiden. Allerdings sind die Rezeptoren der Schlangen empfindlicher als beim Menschen. Sie sind in der Lage, Temperaturdifferenzen von 1/1000 °C zu erkennen,

während wir Menschen nur eine Schwankung von 1/10 °C unterscheiden können. Dieser empfindliche Thermorezeptor ermöglicht der Schlange die exakte Lokalisierung ihrer Beute über deren Körperwärme auch noch in völliger Dunkelheit. Die Funktionsweise der Grubenorgane, bei der die durch die Infrarotstrahlung hervorgerufene Erwärmung mithilfe eines Wärmerezeptors gemessen wird, nennt sich Bolometerprinzip.

Umsetzung in der Brandsensorik

Besondere Bedeutung hat die Infrarotsensorik beim Brandschutz. Allerdings war es bislang äußerst schwierig, derart hochempfindliche

---

In Dienste der Sicherheit

Die technischen Anwendungsmöglichkeiten von Infrarotsensoren, die eine Empfindlichkeit wie die Grubenorgane der Schlangen aufweisen, sind vielfältig. Das Bolometerprinzip ist heute bei technischen, ungekühlten Infrarotdetektoren weitgehend etabliert. Beispiele sind Nachtsichtgeräte, die abgestrahlte Wärme direkt aufnehmen können, oder „Night Vision"-Nachtsichtsysteme für Autos, die die Sicherheit bei Nachtfahrten erhöhen sollen.

Sensoren herzustellen. Hier sind Wissenschaftler der Universität Bonn seit Ende der 1990er-Jahre aber auf einer heißen Spur. Ihnen ist es gelungen, erste Sensoren zu entwickeln, die sich in ihrer Funktionsweise an den Grubenorganen von Tieren wie infrarotsensitiven Schlangen orientieren. Die Sensoren bestehen im Kern aus einer Teflonscheibe, die in eine metallische Fassung eingespannt ist, und einem piezoelektrischen Kristall. Kleinste mechanische Verformungen reichen aus, um einen solchen Kristall dazu zu veranlassen, ein elektrisches Signal auszusenden. Der Sensor wird so justiert, dass der Kristall gerade die Teflonscheibe berührt. Trifft Wärmestrahlung auf die Scheibe, verformt sie sich in Richtung des Kristalls und erzeugt so einen elektrischen Impuls. Auf diese Weise ist es den Wissenschaftlern gelungen, die Wärmestrahlung einer Hand, die sich 20 bis 30 Zentimeter vom Sensor entfernt befand, zu erkennen.

Die Klapperschlange ist mit einem Grubenorgan ausgestattet, das feinste Infrarotsignale aufnehmen kann. Die Grubenorgane liegen paarig angeordnet jeweils zwischen Auge und Nasenöffnung und bestehen im Wesentlichen aus einer dünnen Membran, in der sich Thermorezeptoren befinden.

Origami im Weltall – Sonnensegel nach „Miura Ori"
Die Mohnblüte

In Japan ist die Kunst, Stoff oder Papier zu falten, schon seit mehr als 2000 Jahren bekannt. Mithilfe der Papierfaltkunst Origami lassen sich verschiedene Gegenstände und Figuren falten. Und nicht nur das: Vor wenigen Jahren hat diese Falttechnik, die man von der Natur abgeschaut hat, den Weltraum erobert.

Grundprinzip des Faltens in der Natur

In der Natur begegnet man immer wieder Prinzipien der Faltung. Eines der eindrucksvollsten Beispiele ist die Mohnblüte. Bevor sich die Blüte entfaltet, ist sie besonders dicht und platzsparend in ihrer Kapsel zusammengefaltet. Diese Faltung ist nicht etwa chaotisch ausgeführt, sondern folgt ganz bestimmten Gesetzmäßigkeiten. Man findet hier nämlich immer wiederkehrende Strukturen. Dabei weisen diese Faltungen stets drei nach oben gerichtete Knicke, d. h. konvexe, und einen nach unten gerichteten, also einen sogenannten konkaven Knick auf. Diese Faltung ist nicht nur das Faltprinzip der Mohnblüte. Auch Insektenflügel sind, bevor sie vollständig ausgebildet sind, auf diese Weise gefaltet. So ist sichergestellt, dass sich die Flächen, wenn sie sich entfalten, nicht selbst oder gegenseitig beschädigen. Zugleich muss für das Entfalten nur wenig Energie aufgewendet werden.

Erkannt hat das erstaunliche Prinzip der japanische Astrophysiker Koryo Miura. Er untersuchte auch scheinbar zufällige Faltungen, indem er Papier willkürlich zerknüllte. Bei genauerer Betrachtung stellte er fest, dass auch hier dasselbe Faltprinzip zugrunde lag. Egal ob Papier oder Stoff, es tauchen immer konkave und konvexe Knicke auf.

Falttechniken in Forschung und Technik

Aus all seinen Beobachtungen zog Miura den Schluss, dass ein Prinzip, das in der Natur immer wieder vorkommt, die effektivste Lösung für eine Vielzahl von Problemen darstellen muss. An dieser Stelle kommt wieder die Papierfaltkunst ins Spiel. Miura versuchte nun, dieses natürliche Faltprinzip in eine Falttechnik umzusetzen. Das Resultat seiner Arbeit ist heute unter dem Namen Miura Ori oder Miura-Faltung bekannt.

Während seiner Experimente stellte Miura außerdem fest, dass sich nach dem Vorbild der Natur Dinge nicht nur winzig klein zusammenfalten, sondern auch sehr leicht wieder entfalten lassen, wenn man an einer Ecke des gefalteten Gegenstands zieht. In den 1980er-Jahren brachte Miura seine Kenntnisse über die Falttechniken der Natur in die Weltraumforschung ein. Aber erst 2004 wurde erstmals ein Sonnensegel ins All geschickt, das nach den platzsparenden Prinzipien gefaltet war, die Miura untersucht hatte. Durch die Miura-Faltung konnte der kostbare Platz des Satelliten beim Transport besser ausgenutzt und größere Solarflächen transportiert werden.

Man findet die Miura-Faltung aber nicht nur im Weltall, auch am Erdboden erfüllt sie ihren Zweck. Nach seinem Prinzip sind viele Stadtpläne so klein gefaltet, dass sie problemlos in der Jackentasche transportiert werden können.

Origami in der Medizin

Origami findet auch in der Medizintechnik Anwendung. So wird immer häufiger ein zusammengefalteter Stent, ein Röhrchen, das dazu dient, verengte Blutgefäße wieder durchlässig zu machen, an der entsprechenden Stelle im Körper platziert. Dort faltet sich das Röhrchen durch die Körperwärme aus und weitet so das Blutgefäß. Die Vorteile dieser Technik liegen auf der Hand: Origami-Stents sind wesentlich einfacher in die Blutbahn einzubringen als nicht zusammengefaltete Exemplare.

Eine Klatschmohnblüte kurz vor der endgültigen
Entfaltung. Sehr deutlich lässt sich erkennen,
wie ausgefeilt die Blüte in ihrer kleinen Kapsel
Platz findet – eine Technik, die sich auch auf den
Alltagsbereich des Menschen übertragen lässt.

Superkleber aus dem Meer
Die Miesmuschel

Die meisten Verbraucher kennen Miesmuscheln nur als schmackhafte Meeresfruchtspezialität. Dies könnte sich jedoch bald ändern, denn die Meeresweichtiere verfügen über eine herausragende Eigenschaft: Sie finden ausgezeichnet Halt an unterseeischem Gestein, an dem sie sich ansiedeln. Inzwischen arbeiten Forscher daran, einen feuchtigkeitsbeständigen Superkleber nach ihrem Vorbild zu entwickeln.

Vorteile von Proteinklebern

Ob auf Stein, Glas, Holz, Metall oder sogar auf Teflon, Miesmuscheln der Gattung Mytilus edulis können sich auf ganz unterschiedlichen Materialien festsetzen, und das so stark, dass sie selbst der Brandung der Nordsee über lange Zeit perfekt standhalten können. Ihre enorme Haftkraft verdanken die Schalentiere Proteinen, die sie aus vier Drüsen ausscheiden. Die Fäden sind laut wissenschaftlichen Tests in mehrfacher Hinsicht vielen industriell hergestellten Epoxidharzklebern überlegen. Sie haften nicht nur ausgezeichnet, sondern sind zudem auch unter Wasser sehr beständig und elastisch. Hinzu kommt, dass die Kleber biologisch abbaubar sind und während des Wachstums der Muschel immer wieder erneuert und ergänzt werden.

Anwendung in Raumfahrt und Medizin

Einem Team von Wissenschaftlern von der Fraunhofer IFAM ist es gelungen, die Proteine des Byssusfadens synthetisch herzustellen. Zusammen mit der europäischen Raumfahrtagentur ESA haben sie einen Klebstoff entwickelt, der in der bemannten Raumfahrt für Reparaturen aller Art eingesetzt werden soll. Noch breitere Anwendungsmöglichkeiten verspricht man sich in der Medizin, vor allem in der Zahnmedizin. Ziel ist es hier, Zahnimplan-

---

Von der Entwicklung bis zur medizinischen Anwendung

Fachleute gehen davon aus, dass noch mindestens zwei Jahre vergehen werden, bis der Kleber nach dem Vorbild der Miesmuschel in der Medizin so weit ausgereift ist, dass die ersten Wirksamkeits- und Verträglichkeitstests an Zellkulturen durchgeführt werden können. Wenn die Testreihen erfolgreich verlaufen, folgt die Erprobung an Tieren, dann die ersten Anwendungen am Menschen. Man rechnet damit, dass es noch etwa fünf bis zehn Jahre dauern wird, bis der neue Proteinklebstoff Zahnarztpatienten zur Verfügung stehen wird.

---

tate, die bislang fest im Kieferknochen einzementiert werden, künftig mithilfe eines Klebstoffes mit dem umgebenden natürlichen Gewebe zu verbinden. Denn bei der bisherigen Technik kommt es immer wieder vor, dass zwischen dem Gewebe und dem Implantat Hohlräume entstehen, in die Bakterien eindringen können, sodass das Gewebe sich entzündet. Ein „natürlicher", mitwachsender Klebstoff, dem Feuchtigkeit anders als bei bisher entwickelten Haftmaterialien nichts anhaben kann, verspricht hier die optimale Lösung: Er verbindet das Zahnfleisch so stark mit dem Implantat, dass keine Fremdstoffe eindringen und sich keine Keime einnisten können. Auch künstliche Herzklappen könnten auf diese Weise ins Herz eingepflanzt und dort befestigt werden. Hier gibt es jedoch noch einigen Forschungsbedarf: Was den Wissenschaftlern derzeit fehlt, ist ein Protein, das das Wachstum fördern soll, damit sich das körpereigene Gewebe – das Zahnfleisch bzw. der Herzmuskel – eng mit dem Implantat verbindet.

Der Kleber von Miesmuscheln scheint in naher Zukunft die Medizin zu revolutionieren. Wunden müssen vielleicht bald nicht mehr genäht, sondern können mithilfe von Proteinklebern fixiert werden.

Saugtechnik im Alltagseinsatz
Kraken und Frösche

Sie haften sehr gut auf glatten Flächen. Dennoch lassen sie sich leicht wieder entfernen, und das, ohne die Fläche dabei zu beschädigen. Die Rede ist von Saugnäpfen und ihren zahlreichen Vorbildern in der Natur.

Saugvorrichtungen in der Natur

Das Prinzip des Saugnapfs ist ebenso einfach wie genial, sodass es in der Natur und Technik weite Verbreitung gefunden hat. Doch wie funktioniert ein Saugnapf? Saugnäpfe haften mithilfe von Unterdruck auf glatten Flächen. Dass Saugnäpfe auf rauen Oberflächen weniger gut funktionieren, liegt daran, dass der Rand des Gebildes dort nicht luftdicht auf der

---

Saugnäpfe als Lebensversicherung

Lidmückenlarven, deren Lebensraum sich auf glitschigem Gestein eines Wasserfalls befindet, können dort nur dank ihrer Saugnäpfe überleben. Jedes Mal, wenn sie sich häuten, löst sich ein Saugnapf nach dem anderen vom Untergrund ab und wird binnen von Sekunden durch einen neuen ersetzt. So verliert die Larve trotz des komplizierten Vorgangs nie ihren Halt auf dem Untergrund.

Fläche aufliegen kann. So kann sich kein dauerhafter Unterdruck bilden. Mittlerweile hat die Technik auch dieses Hindernis überwunden: Es gibt Saugnäpfe in runden und ovalen Formen, die auf gewölbten Flächen haften, und auch solche, die auf rauen Untergründen, z. B. auf Betonplatten oder Steinen, halten. Macht man sich in der Natur auf die Suche nach Saugnapfverbindungen, dann entdeckt man nahezu die gesamte Tierwelt. Saugnäpfe sind in vielen Formen vertreten, sei es als mikroskopisch kleiner Saugtentakel, als Saugfüße, Mund- und Bauchsaugnäpfe, Bauchscheiben oder Saugmäuler – dabei ist diese Aufzählung noch längst nicht vollständig. Geradezu ein Paradebeispiel sind die Kraken und Riesenpolypen, die sich mit tellergroßen Saugnäpfen auf dem Rücken von Walen festsaugen. Nicht zu vergessen die zahlreichen Froscharten. Es beginnt schon in der Welt der Einzeller, den als Urtierchen bezeichneten Protozoen. Sie bedienen sich eines saugnapfähnlichen Mechanismus, um sich an Süßwasserpolypen festzuhalten.

Saugen in der Technik

Der Mensch nutzt die Saugtechnik schon viel länger, als man vielleicht vermuten würde. In der Schifffahrt nutzte man z. B. einige Tiere mit Saugnäpfen für eigene Zwecke. Die Fischart des Schiffshalters wurde für den Fang von Schildkröten an die Leine gelegt und hinter dem Schiff hergezogen, da sich diese Fische an anderen größeren Meerestieren festsaugen und mitschleppen lassen. Wenn sich also ein Schiffshalter etwa an einer Schildkröte festgesogen hatte, zog man ihn samt „Anhang" einfach aus dem Wasser.

Die richtige technische Entwicklung und Umsetzung von Saugnäpfen begann erst mit der Erfindung des Gummis Ende des 18. Jahrhunderts. Nun hatte man eine Substanz gefunden, aus der sich diese Befestigungsart einfach fertigen ließ. Saugnäpfe haben den Vorteil, dass sie wesentlich schonender arbeiten als Greifer und auf glatten Oberflächen deutlich vielfältiger einsetzbar sind als beispielsweise Magnete. Außerdem kann man mit ihnen Dinge zuverlässig verbinden und wieder trennen. Ein gutes Beispiel aus dem Alltag sind etwa Handtuchhalter, die auf glatten Fliesen haften, ohne diese dabei zu beschädigen oder andere Spuren zu hinterlassen.

Kraken besitzen wohl die eindrucksvollsten Saugnäpfe der Natur. Diese faszinierenden Tiere leben in tropischen und gemäßigten Meeresgebieten.

Schwimmhäute für den Menschen
Wasservögel und Frösche

Wenn es um die Anpassung an den Lebensraum geht, dann schneidet der Mensch im Vergleich zu den allermeisten Tieren schlecht ab. Sein Körper ist kaum in der Lage, Temperaturunterschiede auszugleichen, Menschen können weder besonders schnell laufen oder gut klettern. Doch er hat einen Vorteil: Mit seinem Gehirn ist er in der Lage, Werkzeuge nach dem Beispiel der Natur zu erfinden, die diese Nachteile schnell wieder wettmachen.

Häute zwischen den Zehen
Um die Effizienz ihrer Schwimmbewegungen zu erhöhen, haben viele Wassertiere im Lauf der Evolution Häute zwischen ihren Zehen

> ### Meilensteine der Tauchausrüstung
> *Schwimmflossen gehören zur Standardausrüstung eines jeden Tauchers und Schnorchlers. Ambitionierte Taucher benutzen eine weitere technische Entwicklung, das Atemgerät. Diese technische Errungenschaft verdanken sie zwei Franzosen, und zwar dem Meeresbiologen Jacques Cousteau (1910–1997) und dem Ingenieur Émile Gagnan (1900–1979), die gemeinsam den Lungenautomaten erfanden.*

bzw. Fingern ausgebildet. Das Funktionsprinzip dieser Schwimmhäute ist ganz einfach. Wenn man die Zehen bzw. Finger spreizt, spannen sich die Schwimmhäute auf und vergrößern so die Fläche der Hände bzw. Füße. Damit kann die Kraft des Tiers wesentlich besser auf das Wasser übertragen werden. Das Tier kommt schneller voran und spart bei der Fortbewegung wertvolle Energie.

Damit aber nicht genug: Wenn sich Hände und Füße gegen die Schwimmrichtung zurückbewegen, können die Wassertiere die entsprechenden Flächen wieder deutlich verkleinern, indem sie einfach die Zehen bzw. Finger zusammendrücken. Auf diese Weise ist der Widerstand gegen das Wasser geringer; die Vorwärtsbewegung wird nicht unnötig abgebremst.

Ein Patent aus Frankreich
Dass Menschen keine Schwimmhäute haben, ist ein Ergebnis der Evolution – Menschen leben an Land und nicht im Wasser.
Dennoch bewegen sich Menschen sehr gern im Wasser. Man nimmt an, dass die ersten Menschen schon vor rund 4500 Jahren Tauchgänge unternommen haben. Seither entwickelten sich immer neue Schwimm- und Tauchtechniken. Umso mehr verwundert es, dass erst im

letzten Jahrhundert, genauer gesagt im Jahr 1933, die Taucherflossen oder Schwimmflossen erfunden wurden. Der Franzose Louis de Corlieu (1888–1971), ihr Erfinder, ließ sie zuerst in Frankreich und dann auch in den USA patentieren.

Ob er bei seiner Erfindung mehr die Füße der Wassertiere oder die Schwänze von Fischen als Vorbild ansah, ist nicht ganz geklärt; aufgrund der einzelnen Flossen ist es jedoch wahrscheinlicher, dass er sich auf die Füße konzentrierte. Dem Schwimmer ermöglicht die Schwimmflosse, deutlich mehr Kraft aus den Beinen ins Wasser zu übertragen.

So großartig wie die Schwimmhäute in der Natur funktionieren Schwimmflossen aus Gummi jedoch nicht. Das liegt vor allem daran, dass die Flossen dem Wasser beim Rückschlag mehr Widerstand entgegenbringen. Diese nachteiligen Effekte können zwar durch eine ausgefeilte Technik ein wenig ausgeglichen werden, sind aber nicht vollständig zu eliminieren.

Wasservögel wie die Stockente haben zur schnellen Fortbewegung im Wasser zwischen ihren drei Zehen Schwimmhäute, die sie nach Belieben zusammen- und auseinanderziehen können.

Müsli, Lawinen und Lawinenairbags
Entmischungseffekt bei Geröll

Skitourengeher oder Snowboarder, die sich im Winter gern abseits der gesicherten Pisten begeben, gehen in gefährdeten Gebieten das Risiko ein, eine Lawine auszulösen und von dieser verschüttet zu werden. Ein sogenannter Lawinenairbag könnte das verhindern.

Natürliche Sortierung

Lawinen folgen demselben Prinzip wie ein Erdrutsch, denn auch in Lawinen findet eine sogenannte Entmischung statt. In der Natur ist dies gut bei Geröllmassen zu beobachten, bei denen größere Steine beim Herabrutschen an einem Hang eher an der Oberfläche bleiben als kleinere. Das Prinzip lässt sich leicht nachvollziehen, wenn man eine Dose mit Müsli horizontal schüttelt. Dabei rutschen tendenziell die kleineren Teile wie die Haferflocken zwischen den größeren Teilen hindurch nach unten, die größeren wie Nüsse oder Rosinen wandern hingegen an die Oberfläche.

Denselben Effekt erlebte ein Forstmeister in den 1970er-Jahren am eigenen Leib, als er feststellte, dass er beim Nachhausetragen von erlegtem Wild trotz wiederholter Lawinenerlebnisse durch die Volumenerweiterung nie komplett verschüttet wurde. Von dieser Erfahrung inspiriert entwickelte er nach und nach den Lawinenairbag.

Funktionsweise

Lawinen bestehen aus Schneebrocken verschiedener Größe. Während eines Lawinenabgangs beginnt ein Entmischungsprozess, bei dem die kleineren Schneebrocken immer wieder die größeren unterkriechen und auf diese Weise nach oben schieben. Ein Wintersportler, der in eine Lawine gerät, wird, während er von der Lawine den Hang abwärts gezogen wird, immer wieder nach oben gedrückt, kann sich jedoch aufgrund seines Gewichts nicht dauerhaft an der Oberfläche halten und sinkt immer wieder ein. Da ein Mensch etwa 1,5-mal weniger Volumen als eine gleichschwere Schneemasse besitzt, benötigt er, um mit einer größeren Wahrscheinlichkeit nicht nach unten gezogen zu werden, ein zusätzliches Volumen von etwa 1,5-mal seines eigenen Gewichts. Bei einem Körpergewicht von 100 Kilogramm wären dies mindestens zusätzliche 150 Liter Volumen.

Hier setzt die Erfindung des Lawinenairbags ein: Er besteht aus zwei Ballons, die zusammengefaltet in einen Rucksack integriert sind. Der Airbag wird durch ein kurzes Ziehen am Auslösegriff geöffnet und bläst sich innerhalb von zwei Sekunden auf. Dadurch erweitert er das Volumen des Anwenders um zusätzliche 170 Liter. So wird das Versinken in die fließenden Schneemassen verhindert und damit die Verschüttungstiefe reduziert. Oft kann sich der Airbagnutzer auch selbst befreien oder Teile des Airbags sind an der Oberfläche sichtbar, sodass der Zeitaufwand zur Ortung entfällt.

In normalen Fließlawinen hat sich die Methode meist als recht effektiv erwiesen. Wird der Skifahrer jedoch im Tal oder am Ende eines Hanges von der Lawine erfasst, tritt ein Dachlawineneffekt ein. Der Skifahrer bleibt zwar zunächst auf der Oberfläche, kann aber vom nachrutschenden Schnee verschüttet werden. Computersimulationen und Feldversuche sollen aber dazu beitragen, das System weiter zu verbessern.

> ### Effektive Ballonform
> *In einem Test mit verschieden geformten Körpern wurde gezeigt, dass die runde Form des Lawinenairbags im Entmischungsprozess begünstigt ist. Kugeln waren in der Testlawine meist an der Oberfläche sichtbar, während andere Körper (Zylinder, Würfel, Tetraeder) umso tiefer versanken, je kantiger sie waren. Dieser Beweis würde auch auf den menschlichen Körper zutreffen.*

Wer sich abseits der Pisten in alpines Gebiet
vorwagt, sollte sich immer der bestehenden
Lawinengefahr bewußt sein. Mithilfe eines
Lawinenairbags versucht man sich den
Entmischungseffekt von Geröll zunutze zu
machen. So soll verhindert werden, dass Winter-
sportler zu tief von den herabstürzenden
Schneemassen verschüttet werden.

FORTBEWEGUNG UND VERKEHR

Der Mensch beherrscht nicht nur die Fortbewegung zu Lande, sondern hat auch den Luftraum und das Wasser erobert. Dennoch gibt es mithilfe der Inspiration durch die Natur immer noch viel zu entdecken. Da fortbewegungs- und verkehrstechnische Anwendungen einen großen und wichtigen Marktanteil in der Wirtschaft ausmachen, wird auf diesem Gebiet oft besonders fleißig geforscht. Nicht nur aerodynamische Strukturen zur Verbesserung verschiedener Verkehrsmittel und Fortbewegungssysteme sind hierbei von Interesse, sondern auch Organisationsformen und Materialien. Hier geht man beispielsweise Fragen nach, wie man ein Verkehrsmittel mithilfe natürlicher Anregungen schneller, wendiger, energiesparender oder sicherer machen kann.

Der Mensch und sein ewiger Traum vom Fliegen
Der Vogelflug

Seit der Mensch seine Umgebung aufmerksam zu beobachten begann, regt sich in ihm die Sehnsucht, es den Vögeln gleichzutun und elegant durch die Lüfte zu gleiten. Die Erforschung der Natur und der Versuch der technischen Umsetzung ist wichtigstes Grundprinzip der Bionik. Der italienische Künstler und Wissenschaftler Leonardo da Vinci (1452–1519) war zu Beginn des 16. Jahrhunderts der Erste, der dabei ganz systematisch zu Werke ging.

Begründer der Bionik

Moderne technische Hilfsmittel standen Leonardo damals nicht zur Verfügung und so war er allein auf seine Beobachtungsgabe, sein Auffassungs- und Schlussfolgerungsvermögen und sein technisches Verständnis angewiesen. Um den Traum vom Fliegen in die Realität umzusetzen, studierte er die Anatomie von Vögeln und Fledermäusen und konstruierte nach ihrem Vorbild Maschinen, die auch dem Menschen das Fliegen ermöglichen sollten. Zunächst setzte da Vinci jedoch darauf, dass die Auf- und Abbewegung der Flügel eine notwendige Bedingung für das Fliegen sein müssten. Erst 100 Jahre nach da Vinci berechnete jedoch der italienische Physiker Giovanni Alfonso Borelli (1608–1679), dass

der Mensch zu schwer ist, um mithilfe eigener Muskelkraft genügend Auftrieb für einen vogelähnlichen Flug erzeugen zu können.

Erste praktische Flugversuche

Es dauerte mehr als zwei Jahrhunderte, bis nach da Vinci ein anderer Flugpionier von sich reden machte: Albrecht Ludwig Berblinger (1770–1829), auch als der „Schneider von Ulm" bekannt. Seinerzeit als verrückter Handwerker verspottet studierte auch Berblinger jahrelang den Vogelflug, bevor er mit der Konstruktion einer Flugmaschine begann. Bei

---

Leonardos Fallschirm im praktischen Test

Neben dem Antriebsmodell durch Muskelkraft entwickelte da Vinci auch ein Fluggerät mit Luftschraube – einen Vorläufer des modernen Helikopters – sowie einen Fallschirm. Gebaut wurden die Konstruktionen des italienischen Universalgenies seinerzeit jedoch nie. Besonders das von Leonardo konstruierte Fallschirmmodell, das erst im Jahr 2000 vom Briten Adrian Nicholas nach Originalplänen nachgebaut und erfolgreich getestet wurde, bewegte sich auf der richtigen Fährte.

---

einer Flugübung am 31. Mai 1811 stürzte er jedoch in die Donau. Dass dies aber an den über Flüssen herrschenden thermischen Bedingungen und nicht an der Unzulänglichkeit des Fluggeräts lag, konnte erst in späterer Zeit bewiesen werden.

Die Idee wird zum Erfolg

Für den Entwurf seines Fluggleiters nahm sich Otto Lilienthal (1848–1896) den Storch zum Vorbild. Lilienthal hatte festgestellt, dass Storchenflügel eine gewölbte Form aufweisen, und gestaltete die Flügel seines Gleitfliegers danach. Als erstem Menschen gelangen ihm erfolgreiche und wiederholbare Gleitflüge, ab 1893 mit Flugweiten bis zu 250 Metern. Zudem war Lilienthal der Erste, der zu der Erkenntnis gelangte, dass Auftrieb und Vortrieb unabhängig voneinander betrachtet werden müssen. Diese Erkenntnis nutzen auch heutige Flugzeuge: Während Vögel Auftrieb und Vortrieb gleichzeitig mittels ihrer Flügelbewegung verwirklichen können, sorgen bei einem Flugzeug die Flügel für den Auftrieb und ein Propeller oder die Triebwerke für den nötigen Antrieb nach vorne. Nach diesem Prinzip entwickelten Orville (1871–1948) und Wilbur Wright (1867–1912) das erste steuerbare motorisierte Flugzeug.

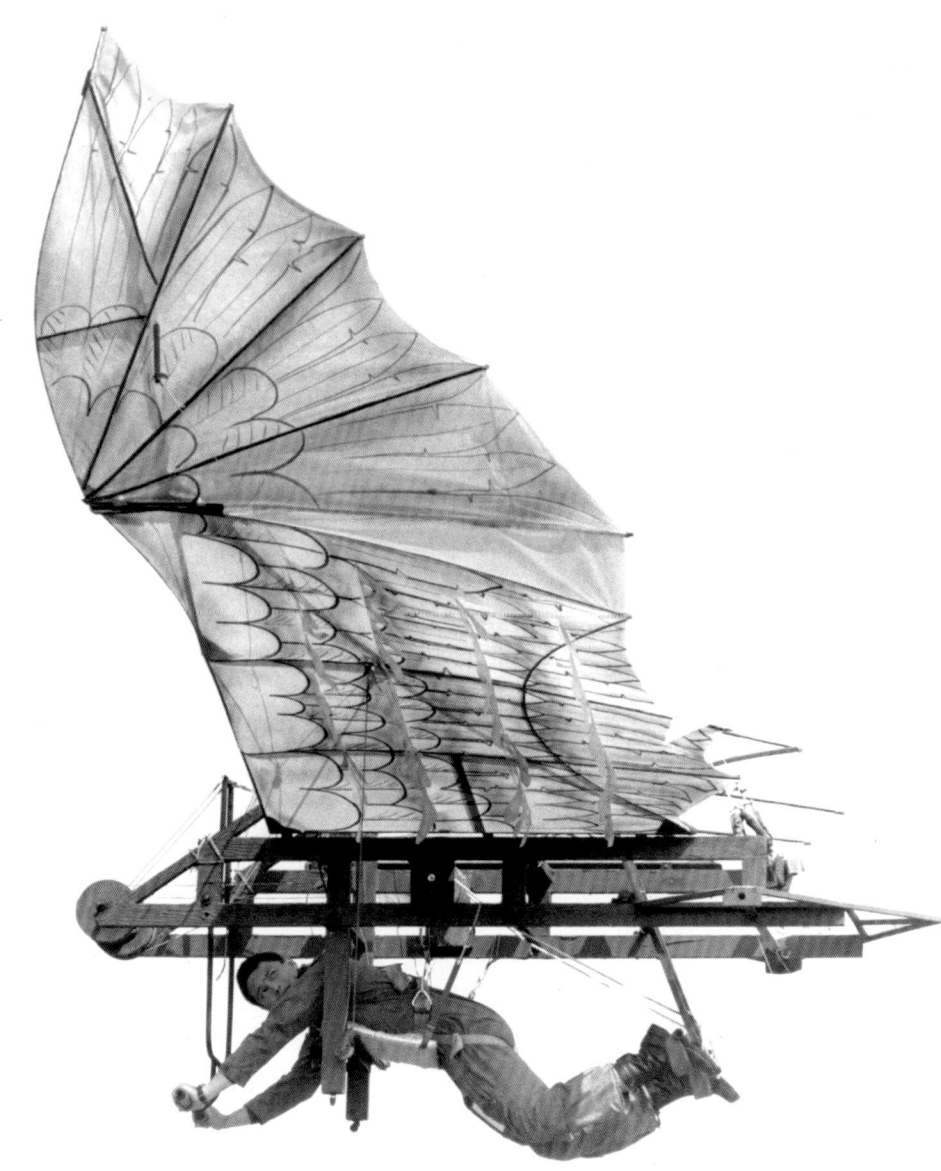

*Im Mai 1989, mehr als 400 Jahre nach seiner
Erfindung, testete der britische Pilot und
Rugbystar Rory Underwood den Nachbau einer von
Leonardo da Vinci erfundenen Flugmaschine.*

Mehr Stabilität in der Luft – Winglets im Flugzeugbau
Die Handschwingen der Vögel

Flugzeuginteressierte wissen es bereits: Die Flügel moderner Flugzeuge sehen ein wenig anders aus als die älterer Modelle. Moderne Flieger verfügen an den Enden ihrer Tragflächen über „Anbauten", die nach oben gebogen sind, sogenannte Winglets. Bei einigen Modellen ist sogar die Flügelspitze zweigeteilt – ein Teil weist nach oben, der andere nach unten. Was hat es damit auf sich?

Oben fließt die Luft schneller
Winglets sind kein optischer Schnickschnack, sie dienen der Kerosineinsparung und unterstützen zugleich die Flugsicherheit. Durch die gewölbte Flügelform eines Flugzeugs fließt die Luft an der Oberseite des Flügels schneller als an dessen Unterseite. Dadurch ist der Luftdruck unterhalb der Flügel höher als oberhalb. Auf diese Weise entsteht der für das Fliegen notwendige Auftrieb, der es einem tonnenschweren Jumbojet überhaupt erst ermöglicht, vom Boden abzuheben. Die unterschiedlichen Strömungsgeschwindigkeiten sorgen aber nicht nur für positive Effekte – an den Flügelspitzen führen sie zu Verwirbelungen der Luft. Diese Verwirbelungen – auch Wirbelschleppen oder Wirbelzöpfe genannt – können den Flugverkehr sehr stark beeinträchtigen, und das in zweifacher Hinsicht.

Zunächst haben sie negative Auswirkungen auf das Flugverhalten des Flugzeugs. Sie vergrößern seinen Luftwiderstand wodurch der Kraftstoffverbrauch ansteigt. Darüber hinaus können Wirbelschleppen immense Ausmaße annehmen, und es dauert recht lange, bis sich die Luft nach dem Start eines Flugzeugs beruhigt hat und das nächste Flugzeug gefahrlos starten kann. Es kommt daher immer wieder zu langen Zeitverzögerungen an Flughäfen, sodass insgesamt weniger Flugzeuge als gewünscht pro Tag abgefertigt werden können.

Vogelflügel als Vorbild
Anders als bei Flugzeugen kommen Vögel nicht ins Trudeln oder stürzen ab, wenn sie

> ### Eine bionische Erfindung mit Geschichte
> *Winglets für Flugzeuge sind keine neue Erfindung. Die Grundidee hierfür wurde bereits 1897 zum Patent angemeldet. Obwohl sie bereits im Zweiten Weltkrieg in Serie produziert wurden, dauerte es, bis sie im Flugzeugbau allgemein verbreitet waren: Erst die Ölkrise in den 1970er-Jahren verhalf dieser technischen Entwicklung zum Durchbruch.*

einem anderen Vogel dichtauf hinterherfliegen. Das liegt daran, dass an den Flügelenden eines Vogels anders geartete Wirbel entstehen, die das Tier nicht in Gefahr bringen, sondern einen weiteren Vorteil bieten: Die Flügel sind so geformt, dass diese Wirbel die Energie, die der Vogel beim Fliegen aufwendet, optimal ausnutzen.

Sieht man sich die Flügelspitzen großer Landsegler wie z. B. Bussarde, Kondore oder Adler näher an, fällt auf, dass diese am Ende aufgefächert sind. Man nennt diese Federn Handschwingen. Die Handschwingen können sich im Flug verformen; auf diese Weise stellen sie sich immer optimal zum Luftstrom. An ihrer Flügelspitze verfügen die Vögel also nicht über einen starren, sondern über viele kleine, elastische Flügel. Die Vogel-Winglets erzeugen viele kleine Wirbel, die wesentlich schwächer ausgeprägt sind als die Wirbel, die bei Flugzeugen entstehen. Bereits wenige Flügellängen hinter dem Vogel ist von den Turbulenzen, die der Flug des Vogels in der Luft erzeugt, nichts mehr zu spüren.

Auch wenn die Winglets, mit denen moderne Flugzeuge ausgestattet sind, nicht dieselben Ergebnisse erzielen wie die Handschwingen von Vögeln, so stellen sie trotzdem für die Luftfahrt eine deutliche Verbesserung dar.

*Die an der Spitze einer Flugzeugtragfläche
befindlichen Winglets sind im Gegensatz zu den
Handschwingen von Vögeln immer starr nach
oben gebogen. Durch diesen Umstand kann ein
Flugzeug die Wirbelschleppen beim Start nicht
völlig ausschalten, jedoch im Vergleich zu geraden
Tragflächen erheblich minimieren.*

Sicher starten und landen – Vorflügel in der Flugzeugtechnik
Daumenfittich der Vögel

Moderne Flugzeuge sind heute ungemein leistungsfähig. Daher geht es in der Flugzeugentwicklung von heute meist darum, die bestehende Flugzeugtechnik zu optimieren. Hier sind vor allem Detaillösungen gefragt.

Sichere Druckverhältnisse beim Fliegen und Landen

Sieht man sich einen Vogelflügel ein wenig genauer an, entdeckt man an der Vorderseite, genauer gesagt, dort, wo der Daumen des Vogels sitzt, einige kräftige und breite Federn. Diese drei bis vier Federn werden Daumenfit-

> ### Steuern mit dem Daumen
>
> *Der Daumenfittich erfüllt bei Vögeln einen weiteren Zweck. Sie können mithilfe der Daumenfittiche ihren Flug sehr energiesparend, d. h. ohne dass sie den ganzen Flügel bewegen müssen, steuern. Spreizt ein Vogel den Daumenfittich nur rechts ab, beginnt er eine Linkskurve zu fliegen und umgekehrt. Eine entsprechende Umsetzung gibt es bereits in der Flugzeugtechnik. Mithilfe des Vorflügels gleicht die Maschine während des Flugs leichte Bewegungen aus, ohne dass dabei sofort komplizierte Flugmanöver nötig wären.*

tich genannt. Beim Fliegen können die Vögel den Daumenfittich abspreizen. Welchen Effekt hat der Daumenfittich auf den Vogelflug? Der Daumenfittich beeinflusst die Strömung auf der Oberseite der Flügel des Vogels. Damit ein Objekt – egal ob Vogel oder Flugzeug – überhaupt fliegen kann, muss es einen Auftrieb erfahren. Dass geschieht dadurch, dass der Flügel von Luft umströmt wird. Dabei muss die Luft oberhalb des Flügels wegen der Wölbung schneller fließen als unterhalb. So entsteht über der Tragfläche ein Unterdruck, der das Flugobjekt nach oben zieht und unter dem Flügel ein Überdruck, der es trägt.

Nun kann es aber passieren, dass der Luftstrom auf der Oberseite des Flügels plötzlich abreißt. Das ist der Fall, wenn der Flügel besonders steil zur Strömung ausgerichtet ist, wie es beim Steig- oder Sinkflug geschieht. Dann vermag auch das Luftpolster unter dem Flügel nicht mehr viel auszurichten. Die Folge: Der Vogel bzw. das Flugzeug stürzt ab. Daumenfittiche verhindern einen solchen Strömungsabriss und sorgen dafür, dass oberhalb des Flügels immer der notwendige Unterdruck herrscht.

Schon das Universalgenie Leonardo da Vinci (1452–1519), der mit dem Ziel, ein Fluggerät zu bauen, den Vogelflug analysierte, erkann-

te, dass es eine besondere Bewandtnis mit den Federn an der Vorderkante des Vogelflügels haben musste. Es dauerte jedoch noch 400 Jahre, bis diese Erkenntnis technisch umgesetzt wurde.

Intuitiv zur optimalen Technik

Die Entwicklung der Vorflügel geschah im Gegensatz zu vielen bionischen Entwicklungen eher intuitiv. In den 1920er-Jahren entwickelten deutsche und englische Ingenieure unabhängig voneinander die Vorflügel für Flugzeuge. Sie können nach unten geklappt werden und sorgen so dafür, dass in kritischen Situationen ein Teil der Luftströmung von unterhalb des Flügels nach oben geleitet wird. Erst im Nachhinein hat man im Windkanal durch exakte Messungen festgestellt, wie effektiv die Daumenfittiche von Vögeln sind. Dabei hat sich gezeigt, dass z. B. Starenflügel mit abgespreiztem Daumenfittich 15 Prozent mehr Auftrieb erreichten als im angewinkelten Zustand.

Eingesetzte Daumenfittiche erzeugen bei Vögeln neben mehr Auftrieb auch einen ca. acht Prozent höheren Luftwiderstand. Im Flugverkehr erleichtert dies den Landeanflug einer Maschine.

Wendig, schnell und flexibel: Deltaflugzeuge
Der Mauersegler

Fast jeder hat sie schon beobachtet, aber möglicherweise nicht erkannt. Die knapp 20 Zentimeter großen Mauersegler sehen Schwalben zum Verwechseln ähnlich. Sie haben jedoch eine Eigenschaft, die speziell für Bionik-Forscher von Bedeutung ist: Mauersegler fliegen geschickter und sind um einiges wendiger als Schwalben. Kein Wunder also, dass diese Flugakrobaten Vorbild für neue Entwicklungen im Flugzeugbau sind.

Wendig und schnell

Anders als nahezu alle übrigen Vögel können Mauersegler ihre Flugrichtung fast auf der Stelle ändern. Diese Fähigkeit verdanken sie ihren Flügeln und ihrer Flugtechnik. Die Flügel sind so geformt, dass sich, ähnlich wie Insekten, während des Flugs an ihrer Oberkante tornadoartige Verwirbelungen, sogenannte Wirbelrollen, bilden. Diese Wirbel rotieren sehr schnell und erzeugen einen starken Unterdruck an der Oberkante der Flügel. Der immense Unterdruck verleiht dem Mauersegler deutlich mehr Auftrieb als anderen Vogelarten. Damit die Flügel derart extreme Wirbel bilden, müssen die Vögel sehr häufig mit den Flügeln schlagen. Darüber hinaus ist ein bestimmter Anströmungswinkel erforderlich. Während bei Insekten der Winkel zwi-schen 25 und 45 Grad liegt, reichen beim Mauersegler bereits 5 Grad Neigung aus.

Bei den Flugmanövern der Mauersegler kann man die Auswirkungen der überaus starken Wirbel sehr gut beobachten. Wenn die Vögel schnell geradeaus fliegen, führt der starke Auftrieb dazu, dass sie ihre Flügel enger an den stromlinienförmigen Körper anlegen. Sobald sie jedoch ihre Richtung ändern und – der Name deutet es an – in einer engen Kurve um eine Hausecke fliegen wollen, stellen sie die Flügel in einem fast rechten Winkel zu Körperachse aus. Auf diese Weise ist der Flug des Mauerseglers unabhängig von seinen Flugmanövern stets stabil und kontrolliert.

Flexible Flügel für die Luftfahrt

Die Flugtechnik dieses außergewöhnlichen Vogels stand für eine Reihe von Entwicklungen in der modernen Luftfahrt Pate. Deltaflügler sind so konstruiert, dass sie durch die Wirbelrollen oberhalb der Flügel überhaupt erst genügend Auftrieb zum Abheben erhalten. Um auf engem Raum sicher manövrieren zu können, sind militärisch genutzte Jagdflugzeuge der neueren Generation, z. B. vom Typ „Tornado" oder „F-14 Tomcat", in der Lage, die Stellung ihrer Tragflächen zu verändern. Dabei spreizen sie wie die Mauersegler ihre Flügel ab, bis sie fast einen 91 Grad Winkel zum Rumpf einnehmen, wenn sie enge Kurven fliegen. Für den schnellen Flug werden die Tragflächen nach hinten angelegt. Auf diese Weise bilden sie ein Delta, wie man es auch von anderen Überschallflugzeugen kennt.

> ### Mehr Effizienz beim Flug
>
> *Anfang 2008 haben niederländische Forscher das Modell eines Mini-Flugzeugs, das nach dem Vorbild der Mauersegler entworfen wurde, vorgestellt. „RoboSwift", so der Name, kann die Form seiner Tragflächen den jeweiligen Fluganforderungen anpassen. So ist es bei dem Mikroflugzeug möglich, die Gesamtfläche der Flügel durch Zusammenfalten zu reduzieren oder die Stellung der Flügel zum Rumpf zu verändern. Das verleiht diesem kleinen und mit weniger als 100 Gramm ultraleichten Fluggerät eine besondere Beweglichkeit und Effizienz beim Flug.*

Das erste Überschallpassagierflugzeug „Concorde" ist ebenfalls ein Deltaflugzeug. Seit dem Absturz einer Maschine am 25. Juli 2000 in Paris wurde der Flugbetrieb dieses Flugzeugtyps jedoch völlig eingestellt.

Propeller als Antriebssystem in der Luftfahrt
Die Samen des Ahornbaumes

Die Natur hat eine Reihe von unterschiedlichen Methoden entwickelt, mit denen Pflanzen ihren Samen möglichst breit verstreuen und so Ihre Arterhaltung sicherstellen können. Viele Pflanzen setzen auf die sehr effektive Methode, Insekten als fliegende „Boten" für ihre Samen einzusetzen. Andere Pflanzen setzen ebenfalls auf den Samenflug, bei ihnen sorgen jedoch keine Insekten für die überlebensnotwendige Fortbewegung, sondern die Pflanzen selbst.

Elegante Schraubenflieger
Wer hat nicht schon im Herbst die „Propeller" des Ahornbaums bei ihrem Flug beobachtet und sich darüber gewundert, dass die Samen, sooft man sie auch in verschiedener Weise in die Luft wirft, stets zu ihrer typischen rotierenden Bewegung zurückfinden. Die Reise eines solchen Ahornsamens beginnt mit einer kurzen Sturzflugphase. Doch recht schnell geht dieser unkontrollierte Sturz in eine schraubenförmige Rotationsbewegung über. Daher nennt man solche Flugobjekte auch Schraubenflieger. Betrachtet man den Sinkflug genau, bemerkt man, dass er aus einer Kombination zweier Bewegungen besteht: Der Samen vollführt eine Rotation um seine eigene Achse und begibt sich je nach individueller Ausgestaltung zudem auf eine mehr oder weniger weite spiralförmige Flugbahn, bevor er langsam zu Boden schwebt.

Auftrieb als Antrieb
Warum vollführen die Ahornpropeller nun diesen eleganten Flug und trudeln nicht wie welke Blätter dem Erdboden entgegen? Die Antwort liegt in ihrer Form verborgen. Der Großteil der Samenmasse befindet sich im Kern, an dem sich der leichte Flügel anschließt. Aufgrund des schweren Kerns kommt es zunächst zum Sturzflug. Sobald der Flügel nun von einem Luftzug erfasst wird, richtet sich der Samen auf, beginnt zu rotieren und setzt so der Luft im Flug die größtmögliche (Kreis-)Fläche entgegen. Dadurch erhöht sich der Luftwiderstand maximal und es kommt zu einem Auftrieb.

Baut man nun dieses Antriebssystem nach, indem man mehrere Propellerflügel um einen Rotationskern herum montiert, erhält man ähnliche Ergebnisse. Dreht man dieses Propellersystem nun nicht mit den Flügeln nach oben, sondern seitwärts, befestigt es fest auf einer Antriebswelle und treibt es mithilfe eines Motors an, erhält man einen Antrieb, der diesmal jedoch zur Seite wirkt. Dieser sorgt dafür, dass sich das Objekt nach vorn bewegt – ein hervorragender Antrieb für ein Motorflugzeug ist gefunden.

Die Ersten, die sich dieses Flugprinzip des Ahornpropellers zunutze machten, waren die Brüder Orville (1871–1948) und Wilbur Wright (1867–1912), die 1903 den ersten gesteuerten Motorflug absolvierten.

Gyrokopter

Gyrokopter – oder auch Tragschrauber, wie die deutsche Bezeichnung lautet – sehen zwar aus wie Hubschrauber, basieren aber auf einem ganz anderen Prinzip: Im Gegensatz zu einem Hubschrauberantrieb wird der Hauptrotor dieser Fluggeräte nicht von einem Motor bewegt, sondern dreht sich durch die von vorn anströmende Luft von selbst und hebt den Gyrokopter so in die Höhe. Der Antrieb nach vorn erfolgt mit einem kleinen Propeller, der wie eine Schiffsschraube am Heck angebracht ist. Der vom spanischen Ingenieur Juan de la Cierva (1895–1936) im Jahr 1920 entwickelte Gyrokopter wurde bereits sehr früh als Fluggerät eingesetzt. So nutze ihn beispielsweise die Post in den Vereinigten Staaten als Postflugzeug. In späterer Zeit wurde der Gyrokopter jedoch immer mehr vom Hubschrauber verdrängt.

Man sollte meinen, dass die für den Ahornsamen typische schraubenförmige Rotationsbewegung einen ganz speziellen Winkel der Samenflügel voraussetzt. Entgegen dieser Annahme variiert jedoch der Winkel der Samen von Ahornart zu Ahornart sehr stark. Beispielsweise bilden die Flügel des Spitzahornsamens (siehe Bild) einen stumpfen Winkel, wohingegen der Bergahornsamen einen spitzen Winkel der Flügel aufweist.

Sicher und unsichtbar: Nurflügel-Flugzeuge
Die Samen der Zanoniapflanze

Die Kletterpflanze *Zanonia macrocarpa*, die zur Familie der Kürbisgewächse gehört, ist im südostasiatischen Raum beheimatet. Dass die Pflanze nicht nur für Botaniker von Interesse ist, liegt an ihrem Samen, der durch außergewöhnlich gute Flugeigenschaften besticht.

Von Lilienthal inspiriert

Der österreichische Flugpionier Ignaz „Igo" Etrich (1879–1967) war einer der Ersten, der auf die Samen der Zanoniapflanze aufmerksam wurde. In der Schule kam Etrich mit den Arbeiten des Flugpioniers Otto Lilienthal (1848–1896) in Kontakt. Mithilfe seines Vaters, eines Fabrikbesitzers, baute er eine Art Laboratorium, um Flugzeuge zu konstruieren. Als Etrich vom Absturz Otto Lilienthals und seinem Tod erfuhr, traf ihn diese Nachricht wie ein persönlicher Verlust. Er besorgte sich die Gleitflugzeuge, die sich vorher in Lilienthals Besitz befanden, um ihr Prinzip zu studieren und herauszufinden, wie man sie verbessern könnte.

Etrich stellte fest, dass Lilienthals Konstruktionen sehr anfällig für Windböen waren. Bereits leichte Böen führten dazu, dass sich die Flieger aufbäumten und abstürzten. Daraus zog er den Schluss, dass ein Tragflügel für den Flugapparat gefunden werden musste, der nach einem Windstoß selbstständig wieder ins Gleichgewicht zurückfand. Bei seiner Suche stieß Etrich schließlich auf Aufzeichnungen über die Flugeigenschaften des Samens der *Zanonia macrocarpa*. Die Samen flogen absolut stabil und wurden nicht durch Windstöße aus dem Gleichgewicht gebracht. Doch was bewirken diese Flugeigenschaften? Bei den Flugsamen der Zanoniapflanze befindet sich an zentraler Stelle das „Nüsschen". Es liegt vorn zwischen den beiden Flügeln, die mit einem sanften Schwung nach hinten gebogen sind. Der Flugkörper sieht damit ein wenig wie ein Ahornpropeller aus, der sein Samenkorn in der Mitte und nicht am Ende trägt. Die Position des Nüsschens sorgt dafür, dass Schwerpunkt und Auftriebsmittelpunkt des Flugsamens zusammenfallen. Wird der Samen durch einen Windstoß aus seiner Bahn geworfen, sorgt diese Konstruktion dafür, dass er sich immer wieder in eine stabile Flugposition einpendelt.

Etrich und sein erster Nurflügler

Ignaz Etrich konstruierte nach dem Vorbild des Zanoniasamens ein neuartiges Flugzeug, den ersten Nurflügler. Dabei stellte sich heraus, dass seine Berechnungen stimmten. 1905 absolvierte der erste Großflieger, der nach diesem Prinzip gebaut war, seinen Jungfernflug. Er besaß eine Spannweite von 10 Metern und wog 164 Kilogramm. Später entwickelte Etrich seinen Flugapparat weiter, indem er seinem Flugzeug sowohl einen Rumpf als auch einen Schwanz hinzufügte. Heute gibt es Nurflügel-Flugzeuge wie den OWF (Oblique Flying Wing), bei dem die durchgehende Tragfläche um eine feststehende Achse gedreht werden kann.

Moderne Nurflügel-Flugzeuge

Heute setzt man noch vereinzelt auf die Nurflügler-Technologie. Eines der wohl derzeit bekanntesten Beispiele ist der „Northrop B-2 Spirit" – auch Stealth-Bomber genannt – der amerikanischen Luftwaffe. Dieses wenig anheimelnd wirkende Fluggerät trägt auch die Bezeichnung „Tarnkappenbomber", weil er so konstruiert ist, dass er für Radaranlagen nahezu unsichtbar unterwegs ist. Das Flugzeug ist gut 21 Meter lang und verfügt über eine Spannweite von knapp 53 Metern.

Die Nurflügelform des B-2 Spirit ermöglicht es dem Langstreckenbomber, sein Ziel zu erreichen, ohne von feindlichem Radar entdeckt zu werden.

Sanfte Landung garantiert
Deckgefieder der Vögel

Die tragenden Strukturen des Vogelgefieders sind zum Fliegen perfekt angeordnet, wobei jede Feder eine unverzichtbare Rolle spielt. Nun kann es aber bei turbulenten Strömungen passieren, dass der Luftstrom oberhalb des Flügels plötzlich unterbrochen wird. Diese Ablösung des Luftstroms von der Oberfläche des Flügels nennt man Strömungsablösung oder -abriss. Ingenieure haben festgestellt, dass sich bei Vögeln in solchen Situationen ein Teil des Deckgefieders aufstellt.

Optimierung durch Perforation
Bei Messungen der Luftdurchlässigkeit der Federn eines Turmfalken fand man heraus, dass die dünnen, weichen Enden der Federn auf geringste Druckschwankungen reagieren und so dazu beitragen, die Deckfedern zu öffnen. Die leichte Luftdurchlässigkeit der Deckfedern macht zudem einen Druckausgleich zwischen Federunterseite und -oberseite möglich, sodass bei normalen Flug- und Windverhältnissen ein Anheben der Federn verhindert wird. Im Flugzeugbau wäre es möglich, durch eine Perforation der Rückstromklappen, basierend auf dieser Erkenntnis, eine Funktionsoptimierung des Flugverhaltens eines Flugzeugs zu erreichen.

Begrenzung der Strömungsablösung
Da der Strömungsabriss – auch das haben Versuche im Windkanal gezeigt – immer an der Flügelhinterseite beginnt und dann im Anschluss nach vorn wandert, sorgt das Deckgefieder, das durch die anströmende Luft angehoben wird, für eine entscheidende Verzögerung dieser Vorwärtsbewegung der Luft. Die Deckfedern begrenzen die Strömungsablösung am Flügel und verhindern dadurch einen plötzlichen Abbruch des Auftriebs.

Den Strömungsausgleich über die hoch aufgerichteten Deckfedern von Alpendohlen erkannte der Aerodynamiker Wolfgang Liebe (1911–2005). Als einer der Ersten experimentierte der junge Berliner Strömungsmechaniker in den 1940er-Jahren mit Rückstromklappen. Er ließ auf dem rechten Tragflügel eines Jagdflugzeugs eine Klappe aus Leder befestigen. Bei der Vergrößerung des Anstellwinkels öffnete sich die Lederklappe automatisch. Bei der Simulation einer Landung in luftiger Höhe verhielt sich das Flugzeug so, wie Liebe es vorausberechnet hatte: Es vollführte eine halbe Rolle über die andere Tragfläche. Eine Vergrößerung des Auftriebs an der Flügelseite mit der Lederklappe war nachweisbar.

Erhöhung von Auftrieb und Sicherheit
Liebes Theorie ist heute bereits in Form von Landeklappen verwirklicht. Eine Weiterentwicklung sind Rückstromklappen, die sich bei beginnender Strömungsablösung selbstständig öffnen und so den Auftrieb und die Flugsicherheit erhöhen. Die Vorderkante der Klappe ist gelenkig eingespannt und der maximale Öffnungswinkel begrenzt. 1994 erprobte das Deutsche Zentrum für Luft- und Raumfahrt (DLR) zusammen mit Biologen der Technischen Universität Berlin und einem Sportflugzeughersteller dieses Prinzip an einem Motorsegler. Die Flügelsektion wurde im Windkanal mit verschiedenen Klappenkonstellationen getestet. Je mehr man den Anstellwinkel vergrößerte, desto mehr stieg der Auftrieb, bis es in einem bestimmten Winkel zu einem abrupten Einbruch kam. Die Erforschung des Flugverhaltens beim Einsatz von Rückstromklappen soll dabei helfen, Flugzeugabstürze bei turbulenten Windverhältnissen zu vermeiden.

Landeklappen erzeugen bei der Landung einen leichten Auftrieb und verhindern damit ein zu abruptes Aufsetzen des Flugzeugs bei der Landung.

Energiesparendes Fliegen – Flugstaffeln in Formation
V-Formation der Zugvögel

Jahr für Jahr bieten die Zugvögel im Herbst das gleiche Schauspiel: In großen Schwärmen machen sie sich auf den Weg in den Süden, um dort die Wintermonate bei wärmeren Temperaturen zu verbringen. Dabei fliegen die meisten Arten wie Gänse, Kraniche und Pelikane in einer sorgsam ausgerichteten V-Formation.

Aufwind von den Flügelspitzen
Warum Vögel in einer solch strengen Formation fliegen, darüber hatten sich bereits einige Wissenschaftler Anfang des letzten Jahrhunderts Gedanken gemacht. Sie vermuteten, dass die Formation die Aerodynamik des Schwarms verbesserte und das Fliegen erleichterte. Es dauerte jedoch noch knapp 100 Jahre, bis ein französisches Forscherteam diese Annahmen bestätigte: Der Formationsflug spart Energie. Dieser Spareffekt ergibt sich aus der leicht versetzten Flugposition der einzelnen Vögel. Wegen der dabei auftretenden aerodynamisch günstigen Strömungsverhältnisse können die Vögel während des Flugs lange, Kräfte sparende Gleitphasen einlegen. Die Energieeinsparung ist vor allem auf Verwirbelungen, die sich an den Flügelspitzen der Vögel bilden, zurückzuführen. Stellt man sich diese Wirbel wie Rollen vor, so rollen sie

an beiden Flügelenden jeweils einwärts, das heißt, dass sie einen zwar schwachen, aber stabilen Aufwind produzieren. Genau diesen Aufwind nutzen die nachfolgenden Vögel und sparen dabei Kraft. Dies ist auch der Grund, warum sie eine nach außen versetzte Flugposition zu ihrem Vordertier einnehmen, denn nur so können sie den Aufwind nutzen.
Forscher des Nationalen Forschungszentrums in Villiers en Bois in Frankreich kamen dem Geheimnis des Formationsflugs bei Zugvögeln auf die Spur, indem sie Pelikane mit Messgeräten ausrüsteten und damit die Herzfrequenz der Vögel während des Fluges untersuchten.

Dabei zeigte sich, dass der Puls der Tiere niedriger war, wenn sie im Formationsflug unterwegs waren, als wenn sie allein flogen. Außerdem war zu beobachten, dass die Pelikane im Schwarm längere Gleitphasen einlegten. Natürlich trifft das auf den vorn fliegenden Vogel, also die Spitze des „V", nicht zu. Doch auch dieser Vogel profitiert von der Aerodynamik der V-Formation: Sobald er nach einer Weile müde wird, lässt er sich innerhalb der Formation zurückfallen und gibt seine Position an einen Nachbarvogel oder ein anderes Tier aus der Gruppe ab.

Staffelflug der Luftgeschwader
In der Luftfahrt hat man sich die Flugtechnik der Zugvögel schon länger zunutze gemacht. Militärstrategen erkannten früh, dass die Flugzeuge mithilfe des Formationsflugs einiges an Treibstoff einsparen und dadurch ihre Reichweite erhöhen können.

Zugvögel legen jedes Jahr enorme Entfernungen zurück, wobei Nonstop-Flüge über mehrere tausend Kilometer keine Seltenheit sind. Jedes Jahr kann man etwa 70 000 Kraniche in eindrucksvoller V-Formation auf ihrem Weg in ihre Winterquartiere an Deutschlands Himmel beobachten.

Senkrechtstarter im Flugzeugbau
Der Schwirrflug der Kolibris

Zu den echten Luftakrobaten im Vogelreich gehören auch die Kolibris. Ihre außergewöhnliche Flugtechnik bietet Bionikforschern wertvolle Anregungen für den Flugzeugbau.

Auf der Stelle fliegen

Die kleinste von über 300 verschiedenen Kolibriarten misst vom Schnabel bis zur Schwanzspitze gerade mal sechs Zentimeter. Im Fliegen zählen sie jedoch zu den ganz Großen, denn sie sind die einzige Vogelart, die wie Insekten im Flug auf der Stelle stehen können. Bei dieser Art des Fluges kommen Kolibris auf bis zu

80 Flügelschläge in der Sekunde, die höchste bei Vögeln beobachtete Flügelschlagfrequenz. Die Flügel schwirren regelrecht, weshalb ihr Flug auch Schwirrflug genannt wird.

Wenn man die Flügelbewegung der Kolibris genauer untersucht, fällt auf, dass die Flügelspitzen eine liegende Acht beschreiben. Dabei werden sie so bewegt, dass die Vorderkanten beim Schwung in jede Richtung von Luft umströmt werden. Die Flügel wölben sich nach oben, wobei ein Auftrieb entsteht. Anders als alle übrigen Vögel können Kolibris ihre Schlagrichtung so einstellen, dass sie beim Fliegen ausschließlich Auftrieb, aber keinen Vortrieb erzeugen. Auf diese Weise können sie in der Luft an einer Stelle verharren. Indem sie die Schlagrichtung ihrer Flügel ein wenig verstellen, können sie sogar rückwärtsfliegen oder auf der Stelle drehen.

Aufwärts ohne Vortrieb fliegen

Eine Aufwärtsbewegung ohne gleichzeitigen Vortrieb ist exakt die Anforderung, die Flugzeuge erfüllen müssen, wenn ihnen keine langen Start- und Landebahnen zur Verfügung stehen, wie es z. B. an Bord eines Flugzeugträgers der Fall ist. Inspiriert vom Flug der Kolibris entwickelte man senkrecht startende Flugzeuge. Für die Erzeugung des Auftriebs

verfügen einige Senkrechtstarter über drehbare Propeller, andere über senkrecht angeordnete Strahltriebwerke.

Schlagflügelkonstruktionen werden heute auch vermehrt für die Entwicklung von Mikrofliegern untersucht. Für die militärische Nutzung zu Aufklärungszwecken sind die mit Kleinstkameras ausgerüsteten Mikroflugzeuge derzeit nicht wendig genug, da sie nur über ein Starrflügelsystem verfügen. Flugzeugflügel nach dem Vorbild der Kolibriflügel wurden bereits für diesen speziellen Flugzeugtyp gebaut. Dabei verlaufen die verstärkenden Strukturen aus Karbonfaserharz analog zu den Federschäften der Kolibrischwingen. Der künstliche Flügel besteht aus einer extrem dünnen, leicht gebauten Latexmembran, die wie das natürliche Vorbild ohne Faltenbildung verformt werden kann. Auch die Flügelschlagbewegung wurde schon erfolgreich imitiert. Die Forscher schätzen, dass etwa in 15 Jahren kolibriähnliche Mikroflugzeuge eingesetzt werden können.

Kolibris verfügen über eine Beschleunigung, die dreimal so schnell ist wie die eines durchschnittlichen Sportwagens. Bei manchen Arten schlägt das Herz 1200-mal pro Minute.

Anatomische Ähnlichkeit

Kolibris sind nicht nur fast so klein wie Insekten, es gibt sogar einige Entsprechungen in der Anatomie ihrer Flügel. Wie Kolibris können auch Insekten im Flug längere Zeit in der Luft stehen. Das hängt damit zusammen, dass Insekten wie Kolibris sowohl bei der Auf- als auch bei der Abwärtsbewegung ihrer Flügel einen Auftrieb erzeugen. Wissenschaftler haben herausgefunden, dass etwa drei Viertel des Auftriebs durch die Abwärtsbewegung der Flügel erzeugt wird, während die Aufwärtsbewegung nur zu einem Viertel zum Auftrieb beiträgt.

Sanft und geräuschlos durch die Luft gleiten
Körperform der Pinguine

So unbeholfen Pinguine an Land sind – im Wasser bewegen sie sich sehr geschickt und sind dabei unglaublich schnell. Grund genug für Bioniker, die Körperform der Pinguine genau unter die Lupe zu nehmen.

Dick und dennoch schnell
Eine schmale und schlanke Körperform schwimmt besonders schnell – so die allgemeine Ansicht. Wie kommt es dann, dass Pinguine mit ihrem gedrungenen Körper so gut im Wasser vorankommen? Werner Nachtigall, (* 1934), einer der Vorreiter der Bionik in Deutschland, ist der Lösung auf die Spur gekommen. Der Körper eines Pinguins ist spindelförmig, wodurch ein Pinguin gut von Wasser umströmt wird. Der größte Querschnitt des Pinguinkörpers liegt dabei relativ weit hinten. Die Stirnfläche des Pinguins ist von vorn betrachtet nahezu kreisrund und der Schnabel bildet eine Spitze. Diese Merkmale zusammengenommen bilden einen perfekt konstruierten stromlinienförmigen Körper.
Stromlinienförmige Körper bergen eine ganze Reihe von Vorteilen: Pinguine verbrauchen sehr wenig Energie. Mit der Energie von einem Kilogramm Krill können sie 100 Kilometer weit schwimmen. Würde man diesen Energieverbrauch auf ein Auto umrechnen, hieße das, das

Auto könnte mit einem Liter Kraftstoff etwa 1800 Kilometer weit fahren.

Der „ideale" Pinguin
Wie Werner Nachtigall zudem festgestellt hat, wird ein Pinguinkörper „vollturbulent" umströmt, das heißt, es bilden sich um seinen Körper kleinste Verwirbelungen (siehe auch Seite 88). Nimmt man die Form des Pinguinkörpers und konstruiert daraus am Computer eine Rotationsfigur, indem man das Tier virtuell schnell um seine Längsachse rotieren

---

Zu Wasser, zu Land und in der Luft

Die ovale, strömungsgünstige Form des Pinguinkörpers gilt nicht nur als Vorbild für Flugzeuge. Neben dem Luft- lässt sich hierdurch auch der Wasserwiderstand senken, wodurch sich die Form für schnelle und energiesparende Fortbewegungsmittel sowohl in der Luft als auch an Land und im Wasser eignet. Daher orientieren sich inzwischen nicht nur Flugzeug-, sondern auch Auto-, Schiffs- und U-Bootformen sowie andere Schwimmkörper wie beispielsweise Torpedos (siehe hierzu auch Seite 88) an dem Vorbild aus der Natur.

---

lässt, erhält man so etwas wie einen idealen Pinguinkörper. Eine derart optimierte Form kann man leicht nachbauen. Körper, die dem „idealen Pinguin" entsprechen, besitzen ein optimales Strömungsverhalten: Verwirbelungen, die den Körper bremsen, treten bei diesen Körpern nicht auf. So gesehen kann man Konstruktionen aus der Natur verbessern, wenn man sie in technische Entwürfe umsetzt.
Seit der Ölkrise Anfang der 1970er-Jahre ist es ein wichtiges Ziel, den Energieverbrauch zu reduzieren. Um Energie bei der Fortbewegung einzusparen, kann man den Luftwiderstand des Objektes reduzieren. Da es in der Strömungslehre keine Rolle spielt, ob sich ein Objekt im Wasser oder in der Luft fortbewegt, kann der Pinguin-Körper aus der Natur oder sein Idealkörper durchaus als Vorbild für Fahrzeuge, die sich in der Luft bewegen, dienen. Beim Bau moderner Luftschiffe ist man daher dazu übergegangen, eher die Spindelform zu verwenden als die aus den Pioniertagen der Zeppeline bekannte Zigarrenform.

Zwar befördern Luftschiffe keine Passagiere mehr, sie finden aber weiterhin Verwendung: 2005 startete z. B. in Moskau eine Versuchsreihe, in der Luftschiffe für die Verkehrsüberwachung eingesetzt werden.

Der Hubschrauber – Flugtalent dank separater Rotoren
Die Flugtechnik der Libelle

Wer in der Natur Anregungen für die Flugtechnik sucht, darf die Libelle nicht außer Acht lassen. Bei diesem Insekt faszinieren nicht nur die atemberaubenden Flugkünste. Auch die Tatsache, dass Libellen – im Gegensatz zu anderen fliegenden Insekten – nahezu lautlos fliegen, ist bemerkenswert.

Perfekte Manövrierfähigkeit
Besondere Aufmerksamkeit verdienen der Flug und die variable Flugtechnik der Libellen.

Vorbild für Miniaturhubschrauber
Eines der Forschungsgebiete zur Verbesserung der Flugeigenschaften von Hubschraubern ist die Entwicklung von Miniaturhubschraubern nach dem Vorbild der Königslibelle, die dazu imstande ist, ein Mehrfaches ihrer Eigenmasse zu tragen und deren Flug und Flügelstruktur derzeit am Institut für Bionik und Evolutionstechnik in Berlin erforscht wird. Eine mögliche Anwendung wäre die Nutzung von mit Miniaturkameras bestückten Kleinsthubschraubern in Kanalisationen, Rohrleitungen oder unzugänglichen oder gefährlichen Räumen bzw. mit Sensoren zum Aufspüren von Sprengstoffen oder Minen.

Libellen können beide Flügelpaare unabhängig voneinander bewegen. Das ermöglicht Flugtechniken, die an verschiedene Anforderungen angepasst sind. Beim Dauerflug werden die Flügel gegenläufig geschlagen. Auf diese Weise können Libellen, günstige Bedingungen vorausgesetzt, innerhalb weniger Tage bis zu 1000 Kilometer zurücklegen. Diese sehr energiesparende Flugtechnik verleiht den Libellen eine enorme Reichweite. Bei plötzlichen Aufwärtsbewegungen gehen Libellen in den Gleichschlag beider Flügelpaare über. Da jeder einzelne Flügel von einem eigenen Muskelpaar bewegt wird, kann die Libelle also auch den Schlag und die „Ausrichtung" jedes Flügels nach Bedarf einstellen. Auf diese Weise ist nahezu jedes erdenkliche Flugmanöver möglich.

Prinzipanalogie beim Hubschrauber
Das Prinzip separat voneinander steuerbarer Flügel wurde in der Flugtechnik bereits erfolgreich umgesetzt. Hubschrauber verfügen über zwei unabhängige Rotoren, die auch separat angetrieben werden. Zusätzlich kann der Anstellwinkel der einzelnen Rotorblätter geändert und der Auftrieb genau geregelt werden. Auf diese Weise benutzt der Hubschrauber bei seinem Flug also die gleichen Methoden wie eine Libelle, wenngleich seine „Flügel" ein wenig anders angeordnet sind. Bereits Leonardo da Vinci (1452–1519) hatte den Libellenflug studiert und ein Flugzeug entwickelt, das mit zwei Rotorblättern ausgestattet war, die über ein Schraubgewinde angetrieben werden und das als Vorläufer der heutigen Hubschrauber gelten kann. Dem Flugobjekt fehlte jedoch die nötige Kraft, um sich vom Boden zu erheben. Erst dem Franzosen Paul Cornu (1881–1944) gelang am 13. November 1907 ein freier „Hubschrauberflug" von 1,5 Metern Höhe.

Allerdings ist es in der Wissenschaft noch immer umstritten, ob man die Libelle wirklich als Vorbild für die Entwicklung des Hubschraubers ansehen darf. Vor allem die Tatsache, dass die Flügel des Hubschraubers rotieren und die der Libelle auf- und abschwirren, wird hier oft als Argument gegen die Libellentheorie angeführt.

Und so ist es – auch wenn die Hubschraubertechnik mittlerweile ausgereift scheint – bis heute nicht gelungen, den Flug der Libelle perfekt nachzuahmen. Der Libellenflug ist weiterhin Gegenstand der Forschung, um die Flugeigenschaften bisheriger Fluggeräte zu verbessern – etwa, um leichter abheben oder auf kleineren Landebahnen landen zu können.

Besonders in den Bergen ist ein Hubschrauber
oft die einzige Möglichkeit, schnell Hilfe zu
leisten. Durch seine Rotortechnik ist es ihm
zudem möglich, über unwegsamem und schwer
zugänglichem Gelände in der Luft zu stehen.
Bei einer Bergrettung kann der Verletzte über
eine Winde „aufgewincht" werden.

Stauflügelflugzeuge mit Bodeneffekt – unsagbar schnell
Fliegende Fische

Fliegende Fische sind äußerst ungewöhnliche Tiere. Die Gattung, zu der rund 40 Arten gehören, sehen insbesondere Heringen sehr ähnlich. Was diese Fische auszeichnet, sind die großen, steifen Brustflossen, mit deren Hilfe sie knapp über der Wasseroberfläche durch die Luft gleiten können.

Fliegen mit Bodeneffekt
Der Name „Fliegende Fische" ist ein wenig irreführend. Denn diese Fische fliegen nicht wirklich, sie gleiten vielmehr über die Was-

seroberfläche. Wie die Fische an die Oberfläche gelangen und anschließend über dem Wasser schweben, ist schnell und leicht erklärt: Die Schwanzflosse treibt sie so stark an, dass sie mit einer Geschwindigkeit von rund 25 km/h die Wasseroberfläche durchstoßen. In der Luft breiten sie ihre steifen Brustflossen für den Flug weit aus. Die Brustflossen sind fast so lang wie der gesamte Körper. Es gibt einige Arten, die nicht nur Gleit-Brustflossen, sondern zusätzlich auch Bauchflossen zum Gleiten ausgebildet haben. Sie sehen dann in der Luft aus, als hätten sie vier Flügel. Bei ihren „Flügen" legen die fliegenden Fische in einer Höhe von ungefähr einem Meter im Schnitt etwa 100 Meter zurück, unter günstigen Bedingungen kommen sie auch auf die doppelte Weite. Wegen ihres geringen Luftwiderstandes können fliegende Fische außerhalb des Wassers Geschwindigkeiten von bis zu 60 km/h erreichen. Wie kommen diese Entfernung und diese hohe Geschwindigkeit zustande? Während dieses Gleitfluges bildet sich ein Luftpolster, das sich am besten als Rolle oder Walze beschreiben lässt. Sie sorgt für zusätzlichen Auftrieb. Auf dieser Luftwalze „reitet" der fliegende Fisch. Sobald jedoch die Geschwindigkeit des Fisches einen bestimmten Wert unterschreitet, bricht die Walze in

sich zusammen und der fliegende Fisch taucht wieder in sein eigentliches Element ein. Der Bodeneffekt – so wird dieses physikalische Phänomen genannt – entsteht beim Flug über allen ebenen Flächen. Am wirkungsvollsten ist er jedoch über Wasser.

Schnell und unsichtbar fliegen
Nicht nur die fliegenden Fische nutzen den Bodeneffekt. Ingenieure kennen die enormen Vorteile des bodennahen Fluges bereits seit Längerem. Bodeneffektfahrzeuge, auch Stauflügelflugzeuge oder auch Russisch Ekranoplane genannt, bewegen sich wie die fliegenden Fische auf einer Luftwalze vorwärts. Diese Fahrzeuge sind auf große Reichweite, Schnelligkeit oder eine erhöhte Zuladung ausgelegt. Grundsätzlich können sie über Land oder über Wasser eingesetzt werden und sind aufgrund der Bodennähe für jedes Radargerät beinahe unsichtbar. Da jedoch die Luftwalze einen starken Sturm erzeugt, ist der Einsatz über Land allerdings mit Problemen verbunden.

Das „Kaspische Monster"
Ingenieure der früheren Sowjetunion beherrschten die Konstruktion von „Ekranoplanen". Ein rekordverdächtiges Modell war das legendäre „Kaspische Monster", die A-90 Orljonok. Dieses 100 Meter lange und 540 Tonnen schwere Fluggerät erreichte in einer Höhe von sechs Metern über dem Wasser eine Geschwindigkeit von rund 400 km/h. Mit ihm wurde ein ganzes Bataillon transportiert, später stattete man es mit atomar bestückten Marschflugkörpern und Antischiffsraketen aus. Weil es für jedes Radargerät unsichtbar war, war es eine militärische Geheimwaffe mit enormer Schlagkraft.

Der Kalifornische Flugfisch ist mit 45 Zentimetern die größte vorkommende Flugfischart. Wie sein Name schon vermuten lässt, lebt er im pazifischen Ozean entlang der kalifornischen Küste.

Fallschirme: Der sichere Sturz in die Tiefe
Der Wiesenbocksbart

Pflanzen haben im Lauf der Evolution verschiedene Techniken entwickelt, um ihre Samen so weit wie möglich zu verbreiten. Auch die Samen des Wiesenbocksbart sind dieser Herausforderung mehr als gewachsen.

Verbreitung mit dem Wind

Der Wiesenbocksbart ist eine Pflanze aus der Familie der Korbblütler. Vom Löwenzahn ist sie auf den ersten Blick vor allem durch seine Größe zu unterscheiden, denn der Wiesenbocksbart wird bis zu 70 Zentimeter hoch. Wie der Löwenzahn gehört der Wiesenbocksbart zu der Gruppe von Pflanzen, deren Samen Schirme und Kränze aus Haar oder Haarkleider tragen. Haarflieger sind die umfangreichste Gruppe der Pflanzen, deren Samen und Früchte durch den Wind verbreitet werden. Das ist der Grund, warum es sich für Bionikforscher lohnt, diese Pflanze genauer zu betrachten. Dieser Ansicht war auch der britische Landadelige Sir George Cayley (1773–1857), der später auch als „Erfinder der Wissenschaft des Fluges" bezeichnet wurde.

Schwerelos schweben

Die Härchen, die den „Fallschirm" des Samen bilden, vergrößern die Oberfläche des Flugkörpers und bieten damit dem Wind eine entsprechend breitere Angriffsfläche. Das hat zwei unterschiedliche Auswirkungen: Der Wind kann die Früchte besser von der Mutterpflanze trennen und in die Luft wirbeln und dank der größeren Oberfläche segeln die Samen wesentlich langsamer zur Erde. Deshalb werden sie bisweilen sehr weit vom Wind weggetragen. Cayley fand auch heraus, dass die tragende Fläche, die von den Härchen gebildet wird, nicht flach, sondern nach oben gebogen

> **Eine mehr als 500 Jahre alte Idee**
> Obwohl er als der große Wegbereiter des Fallschirms gilt, war Sir George Cayley nicht der Erste, der sich über die Konstruktion eines solchen Fluggeräts ernsthaft Gedanken machte. Niemand anderer als das Universalgenie Leonardo da Vinci (1453–1519) hatte auch hier konkrete Pläne dafür ausgearbeitet. Aus dem Jahr 1483 stammt die Skizze eines pyramidenförmigen Fallschirms. Nähere Angaben zum Prinzip dieser Erfindung findet man in einer Randbemerkung da Vincis: „Wenn ein Mann mit beschichtetem Leintuch von einer Länge von 12 Yards auf jeder Seite und 12 Yards hoch versehen ist, so kann er aus jeglicher großen Höhe springen, ohne Verletzung."

ist. Sir George Cayley war der Erste, der erkannte, dass der Samen sehr tief an seinem „Fallschirm" hängt. Der tiefe Schwerpunkt ist dafür verantwortlich, dass der Samenfallschirm des Wiesenbocksbarts stabil fliegt und nicht unkontrolliert durch die Luft „trudelt". Auf der Grundlage seiner Beobachtungen konstruierte Sir George Cayley einen Fallschirm, dessen Tauglichkeit er im Jahr 1829 bei einem praktischen Versuch unter Beweis stellte. Er ließ seinen Springer unter einem Tuch an langen Leinen baumeln. Auf diese Weise befand sich auch bei seinem Fluggerät der Schwerpunkt sehr weit unten. Um die Form des Wiesenbocksbart-Fallschirms bei seiner Fallschirmkonstruktion nachzuahmen, wurden die Tuchflächen an den Rändern hochgezogen. Zusammen mit einer leicht schrägen Stellung des Schirms erreichte der britische Gelehrte, dass sein Fallschirm nach Luftböen immer wieder von selbst in die stabile Lage zurückkehrte und dem Fallschirmflieger einen stabilen und sicheren Flug bescherte.

Der Fruchtstand eines Wiesenbocksbarts gibt ihm im Volksmund den Namen „Pusteblume". Seine Samen, die wie kleine Fallschirme aussehen, kann man durch Pusten in alle Winde verstreuen.

Bionische „Haut" für die Schifffahrt
Die Delfinhaut

Nicht alle Schiffe gleiten auch nach längerer Zeit noch sanft durchs Wasser – über kurz oder lang setzen sich oft kleine Organismen, Muscheln, Tang und kleinste Krebse am Schiffsrumpf fest. Man spricht dabei von Fowling. Um Fowling zu verhindern, verwendete man in neuerer Zeit vor allem biozidhaltige Antifowling-Lacke, die jedoch aufgrund ihrer negativen Auswirkungen auf die Umwelt immer mehr in die Kritik geraten sind.

Umweltfreundliches Antifowling
Auf der Suche nach einer natürlichen Oberfläche, die sich – wie die Außenhaut von Schiffen – ständig im Meerwasser befindet und dennoch nicht unter Bewuchs leidet, stießen die Wissenschaftler auf die Haut der Delfine. In einem Forschungsprojekt nahmen Wissenschaftler des Alfred-Wegener-Instituts für Polar- und Meeresforschung auf den Färöer-Inseln die Oberflächenstruktur der Pilotwale, einer fünf bis sieben Meter langen Delfinart, genau unter die Lupe. Um die Hautproben im natürlichen Zustand untersuchen zu können, wurde die Delfinhaut in einem speziellen Verfahren bei minus 196 °C konserviert. Das Ergebnis zeigte, dass die Delfinhaut nur auf den ersten Blick völlig glatt erscheint. Die Unregelmäßigkeiten der Haut sind mit bloßem Auge nicht zu erkennen: Sie bewegen sich in einer Größenordnung von Nanometern, d. h. Millionstelmillimetern. Trotz der Vertiefungen ist die Oberfläche zu glatt, als dass sich dort Mikroorganismen festsetzen könnten.

Die 100 Nanometer tiefen Zwischenräume in den obersten, verhornten Hautschichten sind mit einer gelartigen Substanz überzogen. Dieses Gel, das reich an Fetten und Enzymen ist, ist widerstandsfähiger als der Schleim, mit dem Miniorganismen an größeren Meerestieren und Schiffen haften. Man geht davon aus,

> ### Borsten gegen Bakterien & Co.
> *Nicht nur Delfinhaut bleibt stets von Bewuchs durch kleine Meeresorganismen verschont – dank der feinen und flexiblen Struktur ihres Fells leiden auch Seehunde nicht unter Fowling. Nach ihrem Vorbild wurden auch für Wasserfahrzeuge Kunststofffasern entwickelt, die einen Millimeter kurz sind, senkrecht abstehen und sich durch die Bewegung im Wasser stetig hin und her bewegen. Der Effekt ist der gleiche wie bei der Delfinhaut: Die Oberfläche hält sich selbst sauber, da sich hier kleinste Organismen gar nicht erst festsetzen können.*

dass die Enzyme die Schleimabsonderungen der Lebewesen, die das Fowling verursachen, zersetzen, bevor sie sich festsetzen können.

Vorteil für Schifffahrt und Umwelt
Bei weiteren Überlegungen spielten Quarzgläser eine Rolle: Sie haben eine ähnliche Oberflächenstruktur wie die Delfinhaut und reinigen sich optimal im von Luftblasen durchsetzten Wasser, das bei Wellengang und während der Sprungphase des Delfins entsteht. Auf der Grundlage dieser Erkenntnisse wurden und werden Antifowling-Farben entwickelt. Sie enthalten keine Gifte und stellen daher keine Belastung für die Umwelt dar. Stattdessen sorgen kleinste, der Delfinhaut nachgeahmte Strukturvertiefungen dafür, dass Organismen keinen Halt am Schiffsrumpf finden. Der Vorteil: Das Schiff ist dauerhaft glatt, der Treibstoffverbrauch bleibt konstant und der Arbeitsaufwand, der durch die Entfernung des Bewuchses verursacht wird, entfällt.

Das Schwimmverhalten der Delfine trägt ebenfalls dazu bei, dass deren Haut sauber bleibt. Denn durch das Ein- und Auftauchen der Meeressäuger beim Springen entstehen im Wasser Luftblasen, die den Antifowling-Effekt noch verstärken,

Tragflächen verleihen Flugzeugen Flügel
Vogelflügel

Die Flügel eines Vogels sind eine hochkomplexe Entwicklungsleistung der Evolution. Die Mechanismen der Fortbewegung durch Flügelschlag, die Vögel, Fledermäuse und Insekten bereits seit Jahrmillionen nutzen, haben Menschen seit jeher fasziniert und zur Nachahmung angeregt. Für den Menschen führte der Weg in die Lüfte daher nicht nur über die genaue Beobachtung der Vögel und ihres Flugs, sondern auch über das Studieren der Flügelform und -bewegung.

Gewölbte Form

Ein Vogelflügel hat die Form eines Doppelfächers, der sich im Bereich des Ellbogens und des Handgelenks einklappen lässt. Seine Fläche erhält ein Flügel durch zwei Hautlappen, vor allem aber durch die Schwungfedern. Diese werden von mehreren Reihen von Deckfedern überlagert, sodass der Flügel eine geschlossene Federdecke aufweist. Der Flügel bildet zusammen mit dem Gefieder ein stromlinienförmiges Profil, das unter einem Anstellwinkel von etwa 5 Grad von der Flugluft angeströmt wird.

Bereits Otto Lilienthal (1848–1896) hatte erkannt, dass der Form der Flügel beim Fliegen eine wichtige Bedeutung zukommt. Er entdeckte, dass eine gewölbte Tragfläche einen größeren Auftrieb ermöglichte als eine ebene und gestaltete seinen Gleitflieger exakten Messungen entsprechend. Später zeigten Versuche im Windkanal, wie wichtig die gewölbte Form der Flügel für das Fliegen ist. Sie sorgt dafür, dass die Luft an der Oberseite des Flügels einen weiteren Weg zurückzulegen hat als an ihrer Unterseite. Das bedeutet, dass die Luft an der Oberseite schneller als an der Unterseite entlangfließen muss. Dabei baut sich über dem Flügel ein Unterdruck und unter ihm ein Überdruck auf. Beide sorgen

dafür, dass der Vogel oder ein entsprechend gebautes Fluggerät sich in der Luft halten kann. Der Druck saugt den Flügel nach oben. Diese Erkenntnis machte den ersten erfolgreichen Gleitflug möglich und ebnete den Weg für den späteren Flugzeugbau.

Steuerbare Tragflächenwölbung

Während jedoch Vögel die Form ihrer Flügel den Anforderungen wie schnellen Flugmanövern, Gleitflug, Start und Landung flexibel anpassen können, sind Flugzeugtragflächen starr. Zwar erlauben aufstellbare Klappen am Vorder- und Hinterrand der Tragflächen Korrekturen, gleichzeitig erhöhen sie aber auch den Luftwiderstand. Ein Gemeinschaftsprojekt von DLR (Deutsches Zentrum für Luft- und Raumfahrt) und dem Luft- und Raumfahrtkonzern DASA will daher bis 2008 einen Flügel entwickeln, der sich an die wechselnden Strömungsverhältnisse anpasst. Ein Netz von Sensoren soll dabei den Verlauf der Luftströmung ermitteln, ein Computer errechnet hieraus die optimale Flügelposition und steuert die Wölbung des Flügelhinterrands. Wie die Haut und das Skelett der Vögel sollen hierbei bewegliche „Finger" und elastische Flügelhäute für die Wölbung sorgen.

> ### Trennung von Auf- und Vortrieb
> Vögel können mithilfe ihrer Flügel gleichzeitig einen Auf- und Vortrieb erlangen, indem sie beim Fliegen eine Bewegung vollführen, die an eine liegende Acht erinnert. Die gleichzeitige Schlag- und Drehbewegung saugt Luft an und stößt sie nach hinten weg. Dadurch entsteht die Schubkraft. Bei einem modernen Verkehrsflugzeug erfüllen die Triebwerke die Funktion der Schubkraft: Sie saugen im Vorderteil Luft an und stoßen sie im hinteren Teil heraus. Auftrieb entsteht durch eine Tragfläche, die ein wenig gegenüber der Bewegung geneigt ist (Anstellwinkel) und in der Luft bewegt wird.

Der Gänsegeier besitzt überaus große Flügel mit einer Spannweite von etwa 2,4–2,8 Metern. Die Aufnahme zeigt sehr deutlich die gewölbte Form der Flügel, was bei der technischen Umsetzung von Tragflächen ein wichtiger Ansatz ist.

Modernes aerodynamisches Kompaktwagendesign
Der Kofferfisch

Je deutlicher die Tropfenform bei einem Fahrzeug ausgeprägt ist, desto besser ist sein c_w-Wert (Strömungswiderstandskoeffizient) und entsprechend niedrig ist auch der Energieverbrauch. Autos, die der aerodynamischen Tropfenform nachgebildet sind, haben jedoch einen Nachteil: Sie bieten – gerade in der Höhe – im Innenraum wenig Platz. Wer also einen Van oder ein kompaktes Stadtauto wählt, muss mit erhöhten Benzinkosten rechnen – so die bisher gängige Meinung.

Effiziente Form

Entwicklungsingenieure des Autoherstellers Daimler wollten sich damit jedoch nicht zufrieden geben. Bionikwissenschaftler und Automobilforscher suchten nach einer Form und einem Bauprinzip, das modernen Van-Komfort mit möglichst idealer Windschnittigkeit verbindet. Ausgerechnet bei dem eher klobig wirkenden Kofferfisch, der in tropischen Korallenriffen lebt, wurden sie fündig. Um nicht von der Strömung fortgespült zu werden, braucht der Kofferfisch viel Kraft. Das gelingt ihm dank seiner starken Muskeln und seiner strömungsgünstigen, kantigen Form: Kleine Wasserwirbel, die sich entlang der Kanten bilden, sorgen dafür, dass er selbst bei starken Strömungen nicht abgetrieben wird.

Die Wirbel sind so effektiv, dass er seine Flossen beim Schwimmen nicht bewegen muss und so Energie spart. Dies funktioniert auch im Fahrtwind bei Autos: Die Form ermöglicht sowohl Fahrstabilität als auch Energieeffizienz. Nicht nur die Form, auch das Bauprinzip diente den Daimler-Ingenieuren zum Vorbild, denn wie ein Auto sind auch Fische stoßanfällig: Kofferfische bewegen sich zwischen Korallen, sie müssen also nicht nur wendig, sondern auch gut geschützt und stabil sein. Die Lösung der Evolution: Seine Außenhaut besteht aus sehr stabilen sechseckigen Knochenplatten, die zu einem Panzer miteinander verwachsen sind. Das Prinzip, nur dort Material einzusetzen, wo es für die Festigkeit und Stabilität notwendig ist, diente als Leitlinie für die Konstruktion des Daimler Bionic-Cars. Das Ergebnis: Bei gleichbleibender Stabilität und Crashsicherheit beträgt das Gewicht der Karosserie rund ein Drittel weniger als bei vergleichbaren Automodellen.

Geringer Verbrauch, viel Sicherheit und Komfort

Was unter Wasser funktionierte, wurde auch im Windkanal getestet. Das Ergebnis der Luftwiderstandsmessung des Kofferfischnachbaus als Tonmodell war verblüffend: Mit einem c_w-Wert von 0,095 lag das Modell im 1 : 4-Kofferfischformat gleichauf mit einem konventionell stromlinienförmigen Wagentyp, der auf einen Wert von 0,09 kam. Daraufhin wurde ein voll funktionstüchtiger Prototyp des „Kofferfisch-Autos" entwickelt, der modernen Fahrkomfort und eine hohe Verkehrssicherheit mit einem günstigen Energieverbrauch kombiniert.

Mittels Computersimulation entwarf man das optimale Gerüstskelett und errechnete die Belastung der Bauteile. So wurden nur besonders beanspruchte Bauteile verstärkt, während bei wenig beanspruchten Teilen Material eingespart werden konnte.

> ### Das Bionic-Car im Detail
> Der 4,24 Meter lange, 1,82 Meter breite und 1,59 Meter hohe Viersitzer verfügt über einige äußerst spannende Energiespardetails: Die Griffe des Bionic-Cars schließen bündig mit der Außenlinie der Karosserie ab, die Räder sind mit Kunststoffscheiben abgedeckt und anstatt der üblichen weit abstehenden Außenspiegel, die den Strömungswiderstand erhöhen würden, sorgen im „Kofferfisch-Auto" Kameras für den nötigen Überblick nach hinten.

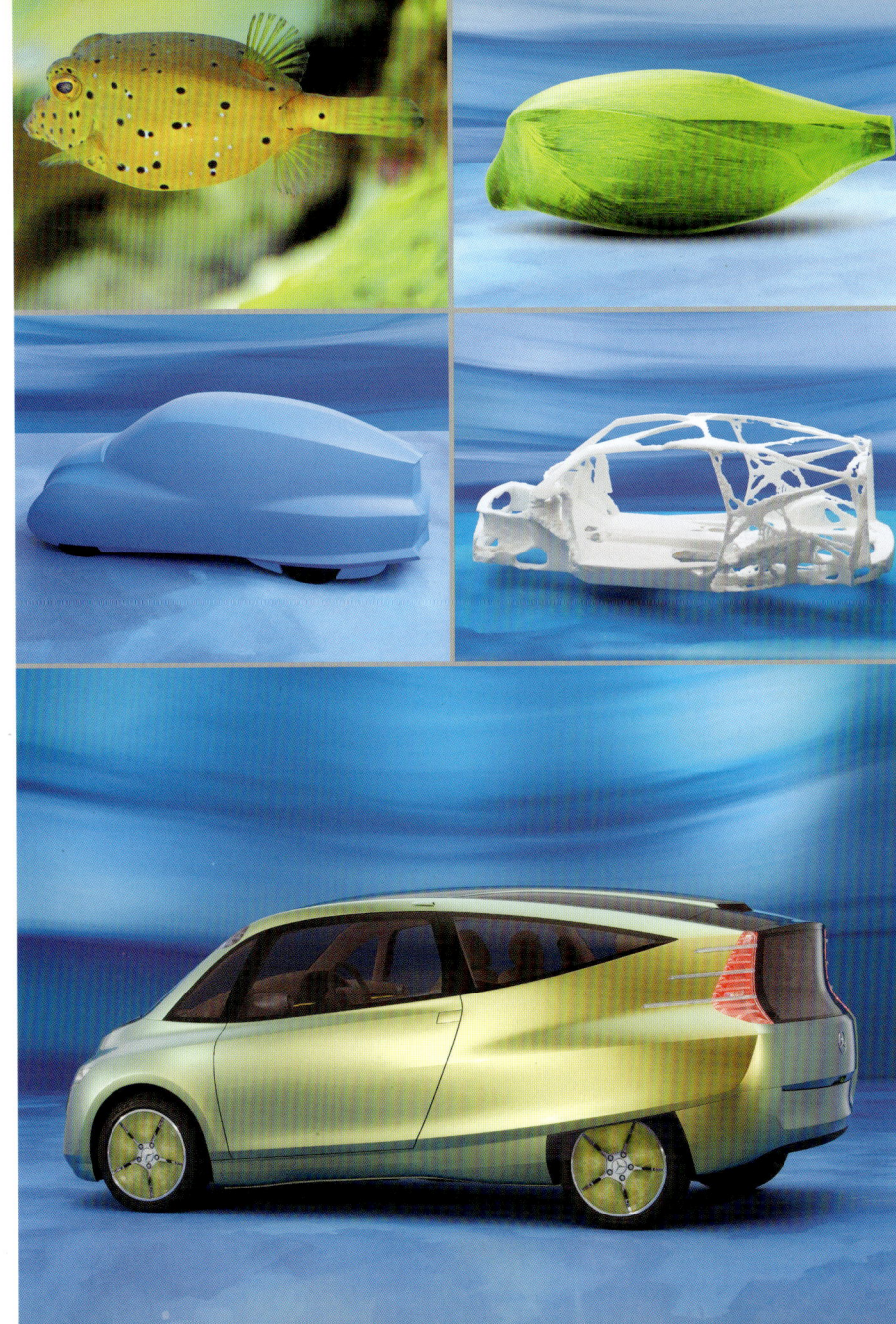

Durch die funktionelle Leichtbauweise des Bionic-Cars lässt sich nicht nur Energie, sondern auch gleichzeitig Kraftstoff sparen: Der 2-Liter-Dieselmotor des 140 PS starken Wagens verbrauchte bei Tests 4,3 Liter Kraftstoff auf 100 Kilometer – das alles bei einer Höchstgeschwindigkeit von 190 km/h und einer Beschleunigung von 0 auf 100 km/h in 8,6 Sekunden.

Schiffsrumpf für die englische Kriegsflotte im 16. Jahrhundert
Dorschkopf und Makrelenschwanz

Damit ein Schiff schwimmt, muss dem archimedischen Prinzip gemäß die von ihm verdrängte Wassermenge größer sein als sein Gewicht. Der Rumpf muss daher so beschaffen sein, dass er das Wasser dauerhaft verdrängt. Wer aber wirklich wendige und schnelle Schiffe bauen will, greift am besten auf Vorbilder in der Natur zurück.

Wendige Schiffe für die Königin
Von jeher haben die technischen Möglichkeiten, die den Konstrukteuren in den verschiedenen Epochen der Geschichte zur Verfügung standen, das Ihre dazu beigetragen, das Aussehen und die Funktionalität der Schiffe zu gestalten. Während sich im Lauf der Jahrhunderte die Fähigkeiten der Schiffsbauer immer weiter verbesserten, wurden die Schiffe größer und sehr viel prunkvoller ausgestaltet. Unter der prächtigen Ausstattung der Schiffe litt bisweilen ihre Funktionalität. Sie waren zwar schön anzusehen, im Wasser aber schwerfällig und schlecht zu manövrieren.

Ende des 16. Jahrhunderts – über die genaue Datierung sind sich die Wissenschaftler nicht einig – nahm sich der englische Mathematiker Matthew Baker (1529/30–1613) der Flotte seiner Majestät, Königin Elisabeth I. (1533–1603), an. Sein Ziel war es, die Schiffe der Kriegsflotte wesentlich wendiger und schneller zu machen. Nur so könne sich England effektiv gegen seinen Erzfeind zur See, Spanien, wehren und eine Invasion der Insel verhindern.

Die Entwicklung der Baker-Galeone
Baker war der Erste, der für die Konstruktion seiner Schiffe systematische Berechnungen anstellte. Bei seinen Überlegungen für ein Vorbild seines Schiffs stieß er auf die Körperform von Fischen. Blieb nur noch die Frage zu klären, welche Fischart am besten geeignet war, um einen neuartigen, sehr wendigen und schnellen Schiffsrumpf zu konstruieren.

Baker entschloss sich, zwei Fische in seine Planung einzubeziehen. Das Vorbild für die nach ihm benannte Baker-Galeone waren der Dorschkopf und der Makrelenschwanz. Der Schiffsrumpf der von ihm konstruierten Galeonen orientierte sich mit seiner schmalen, langen, günstig gebogenen Form an der Stromlinienförmigkeit der Fische. An der Unterseite des Bugs verjüngten sich die Schiffe wie ein Dorschkopf nach oben hin bis zum abgeflachten oberen Bugteil und waren an der Heckseite analog zur Schwanzflosse der Makrelen schmal und schlank sowie weit nach oben gezogen, sodass die Schiffe recht flach im Wasser lagen. So bot die Form im Wasser nur wenig Widerstand.

Und wirklich, diese Bauart half, die Manövrierfähigkeit und den Wasserwiderstand der Schiffe deutlich zu reduzieren. Das wirkte sich positiv auf die Schnelligkeit, die Wendigkeit und die Kursstabilität der Galeonen aus. Viele Militärhistoriker sind der Ansicht, dass die Baker-Galeonen einen entscheidenden Anteil am Sieg Englands über die spanische Armada bei der Seeschlacht im Jahr 1588 im Ärmelkanal hatten.

Einer der ersten Bioniker
Matthew Baker hat ein wichtiges Prinzip der Bionik bei der Konstruktion des Schiffsrumpfes perfekt umgesetzt: „Die Natur kann man nicht kopieren, man kann sich von ihr inspirieren lassen. Dann muss man genau analysieren, was von den Lösungen der Natur auf die Technik übertragbar ist. Diejenigen, die die Natur erforschen, die Biologen also, müssen sich die Mühe machen, ihre Forschungsergebnisse so darzustellen, dass Ingenieure diese in ihre technischen Systeme integrieren können." So Prof. Dr. Werner Nachtigall (* 1934), einer der führenden Bioniker Deutschlands.

Das Modell der italienischen Yacht „Moro di Venezia" im Strömungstest. 1992 testete das Boot mit seinem charakteristischen Bug, der einem Dorschkopf nachempfunden ist, seine Schnelligkeit im America's Cup. Mit diesem und den Nachfolgerbooten wurde eine neue Art des Schiffsrumpfs geboren.

Ein Blasenschleier beschleunigt den Torpedo auf Highspeed
Die Federn des Pinguins

Obwohl sie Vögel sind, sind Pinguine an Land ziemlich unbeholfen. Ihr eigentliches Element ist das Wasser, wo sie nicht nur unglaublich wendig und geschickt sind, sondern auch enorm schnell vorankommen.

Schleier aus Luftblasen

Wer Pinguinen zusieht, wie sie unter Wasser schwimmen, dem fällt eine Art Schleier aus Luftblasen auf, der diese Tiere umgibt. Dieser Blasenschleier entsteht nicht zufällig, etwa beim Eintauchen ins Wasser, sondern wird vom Pinguin gezielt produziert. Der Effekt der Luftblasen ist erstaunlich: Er verkleinert den Strömungswiderstand der Tiere und bewirkt damit, dass sie schneller im Wasser vorankommen. Bei der Entstehung der Luftblasen spielen die Federn eine zentrale Rolle. Pinguine besitzen ein sehr dichtes Federkleid. So ist z. B. beim Kaiserpinguin jeder Quadratzentimeter Haut mit zwölf Federn bedeckt. Die Federn, die das schützende Außengefieder bilden, sind gebogen und nebeneinander angeordnet, sodass ein dachziegelartiges Muster entsteht. Das Außengefieder fetten die Pinguine mithilfe eines Öls, das sie mit ihrer Bürzeldrüse produzieren: So werden die Federn imprägniert und kein Wasser kann bis an die Haut des Tieres gelangen. Im Inneren des Federkleides,

an der Basis der Federkiele, sitzen Daunen, die sich zu einer Art „wolligen Unterkleid" sehr dicht zusammenschließen. Zwischen diesen Daunen und der Haut der Pinguine wird Luft eingeschlossen. Wenn ein Pinguin ins Wasser taucht, werden die Federn durch den Druck des Wassers zusammengepresst. Die Luft, die in den Daunen des Tieres eingeschlossen ist, entweicht in einem Strom kleiner Luftblasen. Auf diese Weise entsteht der Schleier aus Luftbläschen, der die Pinguine im Wasser umgibt. Versuche im Labor haben gezeigt, dass ein Gasbläschen-Wasser-Gemisch weniger zäh ist als pures Wasser. Es vermindert den Oberflächenwiderstand des Wassers, wodurch Pinguine schneller schwimmen. Ein Pinguin kann zusätzlich den Druck auf seine Federn so

> ### Was geschah am 12. August 2000?
> *Der Schkwal-Torpedo ist zuletzt nicht nur wegen seiner Geschwindigkeitsrekorde in den Fokus der Öffentlichkeit gelangt. Gerüchten zufolge war ein Geschoss dieser Art für die Katastrophe an Bord des russischen Atom-U-Boots „Kursk" im Sommer des Jahres 2000 verantwortlich, das aus bisher ungeklärten Gründen vor seinem Abschuss explodiert ist.*

verändern, dass er die Menge der Luftblasen dosieren kann. Auf diese Weise können sie, etwa wenn Gefahr droht oder Beute in Sicht ist, kurzfristig sogar noch beschleunigen.

Torpedo im Luftmantel

Dass solche Blasenschleier in der Schifffahrt nicht eingesetzt werden, um die Geschwindigkeit von Schiffen zu erhöhen, liegt an der komplizierten technischen Umsetzung für die breite Masse. Beim Militär wurde das natürliche Vorbild jedoch schon genutzt. Der russische Schkwal-Torpedo umgibt sich nach dem Abschuss von seiner Spitze an mit einer Hülle aus Wasserdampfblasen. Auf diese Weise erreicht das Geschoss eine Geschwindigkeit von mehr als 350 km/h, während herkömmliche Torpedos ohne Blasenmantel nur etwas mehr als 100 km/h schnell sind.

Die wirbeldämpfenden Eigenschaften der Pinguinfedern werden auch für die Autoindustrie immer interessanter. Die dachziegelartige Anordnung des Gefieders und die dadurch erreichten gestuften Konturenverläufe der Pinguinoberfläche haben einen strömungsmechanischen Effekt, der derzeit von Forschern im Windkanal getestet wird. Daraus sollen Strukturen entwickelt werden, die sich auf den Fahrzeugbau übertragen lassen.

Ein Humboldtpinguin spiegelt sich im Münchner Tierpark Hellabrunn beim Schwimmen an der Wasseroberfläche. Der Pinguin, der ursprünglich an der Westküste Südamerikas zu finden ist, wird durchschnittlich 55 Zentimeter groß und hat eine Lebenserwartung von zehn Jahren. Benannt wurde das Tier nach dem deutschen Forschungsreisenden Alexander von Humboldt (1769–1859).

Kleine Masse, große Wirkung: der Düsenantrieb
Die Fortbewegung von Quallen und Tintenfischen

Sie sehen nicht nur ungewöhnlich aus, sie gleiten auch ganz ähnlich durchs Wasser: Quallen und Tintenfische bewegen sich nach dem Rückstoßprinzip fort. In der Technik, die auf ihrem Vorbild basiert, wird das Rückstoßprinzip jedoch nicht im Wasser, sondern in der Luft- und Raumfahrt angewandt.

Rückstoß und Impulserhaltung
Das Rückstoßprinzip beruht auf den physikalischen Gesetzmäßigkeiten von Impuls und Impulserhaltung. Grundlegend für diese Prinzipien ist die Tatsache, dass jeder bewegte Körper einen Impuls besitzt. Diesen Impuls kann er durch Stöße oder andere Wechselwirkungen ganz oder teilweise auf andere Körper übertragen.

Für Qualle und Tintenfisch bedeutet das Folgendes: Wenn sie sich fortbewegen wollen, saugen sie zunächst Wasser in ihren Körper. Sobald sich eine ausreichende Menge angesammelt hat, verengen sie die Öffnung der Körperhöhle, in der sich das Wasser befindet, zu einer schmalen Öffnung, die anschließend wie eine Düse wirkt. Dann pressen sie das Wasser mit großer Kraft nach hinten durch die „Düsenöffnung" aus dem Körper. Dies hat zur Folge, dass sie in die entgegengesetzte Richtung stoßartig nach vorn gedrückt werden.

Rückstoß in der Luftfahrt
Das Rückstoßprinzip hat einen großen Vorteil: Mithilfe dieser Antriebsart ist eine verhältnismäßig kleine Masse, zum Beispiel an Treibstoff, ausreichend, wenn es darum geht, eine wesentlich größere Masse, etwa eine Rakete, in Bewegung zu versetzen. Voraussetzung dafür ist, dass sich die kleinere Masse mit entsprechend höherer Geschwindigkeit in die entgegengesetzte Richtung bewegen muss. Das besagen die dem Prinzip zugrunde liegenden physikalischen Gesetze. Hier noch einmal das Beispiel der Rakete: Wenn der Treibstoff explodiert, bewegt er sich mit einer enormen Geschwindigkeit nach unten und treibt somit die Rakete mit einer entsprechend geringeren Geschwindigkeit in die entgegengesetzte Richtung, also von der Erde weg in Richtung Weltall.

Auch gewöhnliche Düsentriebwerke, wie sie bei Flugzeugen eingesetzt werden, arbeiten nach dem Rückstoßprinzip. Düsentriebwerke saugen die Umgebungsluft an, verdichten sie dann in einen Komprimierer und vermischen sie mit Treibstoff. Er wird in eine Brennkammer eingespritzt und dort verbrannt. Die Verbrennungsgase werden schließlich mit hoher Geschwindigkeit nach hinten ausgestoßen und treiben das Flugzeug aufgrund des Rückstoßeffekts nach vorn.

Rückstoßprinzip leicht gemacht
Eine bekannte physikalische Versuchsanordnung macht das Prinzip des Rückstoßes sehr anschaulich: Man braucht dazu ein Kugelspiel mit sechs bis acht hintereinander in einem Rahmen aufgehängten Kugeln. Lässt man eine äußere Kugel auf die restlichen senkrecht hängenden Kugeln aufprallen, setzt sich der Impuls in diesen Kugeln fort – die letzte Kugel in der Reihe schlägt ebenfalls aus. Oder, abstrakt und wissenschaftlich ausgedrückt: Der Impuls eines Körpers ist definiert als seine Masse multipliziert mit seiner Geschwindigkeit. Wichtig hierbei ist, dass die Richtung keine Rolle spielt.

Kleinen Kraken und Tintenfischen begegnet man gern während eines Sommerurlaubs am Mittelmeer. Dabei lohnt es sich, genauer hinzuschauen und die grazile Fortbewegungstechnik zu bestaunen: Das Rückstoßprinzip von Quallen und Co. dient als Vorbild für Düsenantriebe in der Luftfahrt.

Das Reifen-Paradoxon
Katzenpfoten und Spinnennetze

Nicht nur im Automobilsport, auch bei Personenkraftwagen, Lastern und Bussen spielen Autoreifen eine wichtige Rolle. Sowohl beim Bremsen als auch während schneller Fahrten müssen sie stabil sein. Und das sowohl bei nasser und trockener Fahrbahn als auch bei hohen und niedrigen Temperaturen.

Fortschritte in der Reifentechnik

Die Aufgaben, die Reifen zu erfüllen haben, sind eigentlich ein Widerspruch in sich selbst: Damit das Fahrzeug wenig Kraftstoff verbraucht, sollen sie bei der Fahrt möglichst

---

Reifen-Härtetest Formel-1

Kein Zweifel, am stärksten werden Reifen in der Formel 1 beansprucht. Während eines durchschnittlichen Rennens verliert ein Formel-1-Reifen durch den Abrieb 500 Gramm an Gewicht. Um auf dem Asphalt ausreichend zu haften, benötigen die Reifen eine Temperatur zwischen 90 °C und 110 °C. Wenn ein Formel-1-Rennwagen bei einer Geschwindigkeit von 200 km/h eine Vollbremsung durchführt, müssen die Vorderreifen ein Gewicht von 2,5 Tonnen aushalten können. Formel-1-Reifen, die diese Eigenschaften besitzen, kosten ungefähr 1000 Euro.

---

wenig Widerstand erzeugen. Das ist der Fall, wenn die Reifen mit einer möglichst geringen Fläche auf dem Boden aufliegen. Um aber effektiv bremsen zu können, muss sehr viel Kraft auf den Boden übertragen werden. Das ist nur dann zu bewerkstelligen, wenn der Reifen mit einer möglichst großen Fläche auf dem Untergrund aufliegt. Diese Anforderungen scheinen auf den ersten Blick kaum miteinander vereinbar zu sein. Doch es gibt einige Vorbilder in der Natur, die helfen können, die Reifentechnik zu verbessern.

Elastisch und sehr stabil

Katzenpfoten haben genau die Eigenschaften, die man sich von modernen Autoreifen wünscht. Wenn eine Katze auf der Jagd ist, muss sie ihre Bewegungen schnell anpassen. Während des Laufs sind die Ballen der Katzenpfoten sehr schmal. Sobald das Tier jedoch abrupt abbremst, verbreitern sich die Ballen des Tiers um bis zu 30 Prozent. Auf diese Weise werden die Kräfte, die auf die Pfoten einwirken, gut verteilt. Die Katze kommt so nicht nur schnell zum Stehen, sie beugt damit zugleich Verletzungen vor. Viele moderne Autoreifenhersteller haben dieses Prinzip von der Natur übernommen und ihre Reifen so gestaltet, dass sich der Reifen beim Bremsen überproportio-

nal verbreitert und so wesentlich mehr „Gummi auf den Asphalt bringt", als es bei der schnellen Fahrt auf der Autobahn der Fall ist. Neben den Katzenpfoten sorgt noch das Spinnennetz für Neuentwicklungen in der Reifenbranche. Der Hersteller Continental nutzte es als Vorbild für einige seiner Produkte. Das Spinnennetz ist eine der flexibelsten Konstruktionen, die es in der Natur gibt: Die von außen ins Zentrum des Netzes führenden Strukturfäden sorgen für die hohe Stabilität, während die rundum laufenden Fangfäden die nötige Flexibilität gewährleisten. Bei Reifen, die die Spinnennetztechnik umsetzen, wird die Gummimischung auf zwei präzise aufeinander abgestimmte Netze aufgetragen. Diese Netze haben unterschiedliche Aufgaben: Das flexible Netzwerk sorgt für die optimale Kraftübertragung beim Kurvenfahren, Beschleunigen und Bremsen. Das feste Netzwerk stellt die notwendige Steifigkeit für die Präzision beim Fahren sicher.

Dass Katzen immer auf ihren vier Pfoten landen, ist allgemein bekannt. Zudem gehen sie auch auf leisen Sohlen: Sie berühren einzig mit ihren Zehen den Boden, nur beim Sprung werden die Fußballen eingesetzt.

WISSENSCHAFT UND TECHNIK

Energie- oder Wassergewinnung, Raumfahrt und Klimaregulierung, vor allem aber medizinische Anwendungen sind wichtige Gebiete der Bionik. Oft verblüfft es, wie weit die Natur bei der Entwicklung raffinierter Problemlösungen der hoch entwickelten Technik des Menschen auf einigen Gebieten voraus ist. Vor allem die bionische Prothetik hat sich schon immer auf das Vorbild der Natur gestützt, um möglichst naturnahe Lösungen zum Ersatz verloren gegangener Sinne oder zur Verbesserung körperlicher Fähigkeiten zu finden. Bionische Entwicklungen aus dem Bereich der Wissenschaft können dazu beitragen, die Lebensqualität der Menschen zu verbessern ebenso wie einen Beitrag zum Schutz der Umwelt zu leisten und den technischen Fortschritt voranzutreiben.

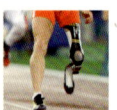

Ohne Beine schneller laufen
Das Känguru

Kleine Pfoten, ein Kopf, der einem Reh ähnlich sieht, große Hinterbeine und ein stattlicher Schwanz. Auf den ersten Blick sind Kängurus vor allem eines – possierliche Tiere. Sobald jedoch ein Känguru seinen Bewegungsapparat auf Touren bringt, erreicht das Tier mit seinen neun bis zehn Meter langen Sprüngen eine Geschwindigkeit von bis zu 70 km/h!

Beine wie Sprungfedern

Die Hinterbeine der Kängurus sind mit einem ausgefeilten Mechanismus ausgestattet. Sie bewirken, dass ein Großteil der Energie, die das Tier beim Absprung aufbringt, beim Abfedern gespeichert wird und so den Tieren für den nächsten Sprung wieder zur Verfügung steht. Daher ist der Prozentsatz der Energie, die Kängurus bei der Fortbewegung umsetzen, erheblich höher als bei Tieren, die auf vier Beinen laufen. Ein Känguru speichert bis zu 90 Prozent der Energie beim Aufsetzen in den Sehnen seiner Hinterbeine. Diese außerordentliche Fähigkeit verdanken Kängurus dem Knochenbau ihrer Hinterbeine, der wie eine Sprungfeder wirkt. Bei der enormen Sprungleistung sind jedoch nicht nur die kräftigen Hinterbeine beteiligt; der überaus muskulöse Schwanz spielt ebenso eine große Rolle. Der Knochenbau der Kängurus hat Wissenschaft-

ler und Ingenieure zu einigen spektakulären technischen Neuerungen inspiriert. So sind z. B. Beinprothesen, wie sie von Sportlern eingesetzt werden, den Hinterbeinknochen der Kängurus nachgebildet. Diese Beinprothesen werden aus speziellen Carbonlegierungen gefertigt und können in ihren Eigenschaften der jeweiligen Sportart – Sprint, Sprung und einige Wintersportarten – angepasst werden.

> ### Sensationell schnell
>
> *Welche Leistungen behinderte Sportler mit Känguru-Beinprothesen erbringen können, zeigt das Beispiel des beinamputierten Oscar Pistorius (* 1986), der auch unter dem Namen „the fastest man on no legs" bekannt ist. Das Internationale Olympische Komitee (IOC) gestattete es dem Weltklasse-Sportler aus Südafrika nicht, an den Olympischen Spielen für nicht behinderte Athleten in Peking teilzunehmen. Der Grund: Man befürchtete, dass er mit seinen Hightech-Beinprothesen einen zu großen Vorteil gegenüber nicht behinderten Sportlern besitzt. Bei den Paralympischen Spielen 2004 legte er mit seinen Prothesen die 200 Meter-Strecke in der Weltrekordzeit von 21,97 Sekunden zurück.*

Mit ein wenig Übung ist es Behindertensportlern auf diese Weise möglich, außergewöhnliche Leistungen zu erzielen.

Vielfältige Einsatzmöglichkeiten in der Freizeit

Neben Beinprothesen für behinderte Sportler gibt es mehrere Sport- und Spielgeräte, die Kängurubeinen nachempfunden sind oder die auf ihrer Art der Fortbewegung beruhen. Ein Beispiel ist der sogenannte „Pogostick", der bereits in den Zwanzigerjahren des letzten Jahrhunderts populär wurde und bis heute vor allem bei Kindern beliebt ist. Der Pogostick ist ein Stock, an dessen unterem Ende eine starke Spiralfeder befestigt ist. Heute findet man sogenannte „Kangoroo Boots". Diese speziellen Schuhe haben an ihrer Sohle eine Blattfeder, mit der man sich springend fortbewegt. „Powerskips" sind Sprungschuhe, die wie ein Laufschuh mit Kufen aussehen. Erfahrene Skipper können damit bis zu vier Meter weit und zwei Meter hoch springen. Ein besonders raffiniertes Gerät für die Fortbewegung nach Känguruart trägt den Namen „Springwalker". Wer sich damit auf die Straße begibt, kann sich, so die amerikanische Herstellerfirma, ohne allzu großen Kraftaufwand mit bis zu 50 km/h fortbewegen.

Mithilfe einer Beinprothese läuft der Kanadier
Earle Connor im Finale über 100 Meter bei den
Paralympics in Sydney am 24. Oktober 2000
zum Sieg und zu einem neuen Weltrekord. Experten
kritisieren, dass die Paralympics inzwischen auch
zu einer Materialschlacht ausarten, bei der nur
die reichen Nationen mithalten können. Hinter der
Fülle der neu aufgestellten Weltrekorde in Sydney
steht vor allem die Weiterentwicklung bei den
Prothesen, Rollstühlen und anderen Hilfsmitteln.

Sauber kleben ohne Klebstoff
Der Gecko

Geckos sind in zweierlei Hinsicht bemerkenswert: Die kleinen Reptilien können zum einen kopfüber an einer Zimmerdecke entlanglaufen, ohne dabei herunterzufallen, zum anderen bleiben ihre Füße dabei stets sauber. Ihr Haftprinzip ist demnach nicht nur materialarm, sondern auch selbstreinigend. Stellt sich die Frage: Wie kann man dieses Prinzip der Natur technisch umsetzen?

Elektrostatische Anziehungskräfte

Ein vom Physiker Eduard Arzt (* 1956) geleitetes Forscherteam des Max-Planck-Instituts für Materialforschung hat die Struktur der Geckofüße unter dem Elektronenmikroskop untersucht. Das Ergebnis: Die Füße der Geckos besitzen Millionen feinster Härchen, sogenannte Setae, die sich an ihren Spitzen in bis zu tausend winzige Wülste aufspalten. Diese spatelartigen Verästelungen heißen in der Fachsprache Spatulae. Die Spatulae des Gecko sind mit einer Größe von 200 Nanometer (Milliardstelmeter) so fein strukturiert, dass hier sogenannte Van-der-Waals-Kräfte, d. h. kleinste elektrostatische Anziehungskräfte, wirken.

Die Kräfte, die die Millionen Spatulae der Geckofüße entwickeln, summieren sich so sehr, dass sich ein Gecko mit nur einem Zeh an der Deckenscheibe eines Terrariums halten kann. Auf alle Füße umgerechnet besitzt der Gecko im Vergleich zu seiner eigenen Größe wahre Herkuleskräfte – er könnte 140 Kilogramm halten. Dennoch lässt sich diese enorme Haftung auch leicht wieder lösen: Bei der Gehbewegung, d. h. dem Abrollen des Fußes, ändert sich der Winkel, mit dem die Spatulae haften, sodass die elektrostatischen Anziehungskräfte hierbei außer Kraft gesetzt werden.

Doch warum sind die Geckofüße sauber, egal, auf welchem Untergrund die Tiere laufen? Dieses Rätsel haben amerikanischen Forscher bereits gelüftet: Die Anziehungskräfte zwischen Spatulae und Schmutz sind schwächer als diejenigen zwischen Schmutz und Oberfläche. Verschmutzungen bleiben also nicht auf den Geckofüßen, sondern auf der Oberfläche haften.

Vorbild für neue Haftstrukturen

Noch arbeiten die Forscher an Klebstoffen auf nanotechnologischer Basis, die nicht mehr verschmutzen und Gegenstände beliebig oft verbinden können. Der Kleber soll ferner dazu in der Lage sein, an nahezu allen Oberflächen zu haften, sich jedoch auch möglichst leicht wieder lösen zu lassen. Obwohl man inzwischen noch feinere Härchen und Spatulae entwickelt hat, als sie der Gecko besitzt, ist es bisher noch nicht gelungen, einen solchen Kleber zu entwickeln, da die künstlichen Nanohärchen bislang noch zum Verfilzen neigen. Dennoch sind die meisten Forscher optimistisch und rechnen damit, dass der Kleber schon in naher Zukunft in vielen industriellen und technischen Bereichen, etwa in der Robotertechnik oder in der Bekleidungsindustrie, eingesetzt werden kann.

> ### Ein Prinzip, viele Erfinder
> *Nicht nur Geckos können sich sogar auf glatten Flächen kopfüber fortbewegen: Auch viele Käfer, Fliegen und Spinnen sind Meister in dieser Kunst der Fortbewegung. Diese völlig verschiedenen Tiere haben im Lauf der Evolution unabhängig voneinander eine recht ähnlich funktionierende Nanohaftung „erfunden". Dabei gilt: Je größer und schwerer eine Tierart ist, desto feiner und zahlreicher sind seine Spatulae.*

Auf alle Füße umgerechnet besitzt der Gecko im Vergleich zu seiner eigenen Größe wahre Herkuleskräfte – er könnte 140 Kilogramm halten.

Die Sonne sorgt für Strom aus der Steckdose
Die Photosynthese

Eine nahezu unerschöpfliche Energiequelle ist die Sonne, hingegen gehen die fossilen Energieträger langsam zur Neige. Daher liegt es nahe, sich die Sonnenenergie verstärkt zunutze zu machen.

Grundlagen der Photosynthese

Wirklich neu ist die Erkenntnis, die Sonne als Energielieferant zu nutzen, natürlich nicht, schließlich nutzen die Pflanzen die Sonne seit jeher zu diesem Zweck. Den Prozess, bei dem grüne Pflanzen das Sonnenlicht in Energie und Sauerstoff umwandeln, nennt man Photosynthese.

Zunächst wandelt die Pflanze mithilfe des Sonnenlichts und des grünen Blattfarbstoffs Chlorophyll Wasser in seine Bestandteile Wasserstoff und Sauerstoff um. Aus dem Wasserstoff entsteht in Verbindung mit dem Kohlendioxid aus der Luft Traubenzucker, auch Glukose genannt. Der Sauerstoff wird durch kleine Spaltöffnungen an der Unterseite der Blätter in die Atmosphäre abgegeben. In der Glukose gibt es chemische Bindungen zwischen Wasserstoff, Sauerstoff und Kohlenstoff, die die Strahlungsenergie der Sonne speichern. Kehrt man den Prozess um, kann die gespeicherte Energie wieder genutzt werden.

Solartechnik auf dem Vormarsch

Seit einigen Jahren bemüht man sich intensiv, die Sonne als Energielieferant zu nutzen. Vor allem im letzten Jahrzehnt haben die Ingenieure große Fortschritte erzielt.

Bei der Umwandlung der Sonnenenergie in elektrischen Strom spielen winzige Lichtteilchen, die sogenannten Photonen, eine wichtige Rolle. Sie besitzen die Eigenschaft, dass sie aus einem Metall oder auch Halbleiter einzelne Elektronen „herausschießen" können, wenn sie auf das Material treffen. Dieser Effekt wird in der Physik als Photoeffekt bezeichnet. Dort, wo das Elektron gerade noch gewesen ist, entsteht dann ein „Loch". Dabei sind Elektronen negativ geladen, Löcher positiv, wodurch in einer Solarzelle negative und positive Zonen entstehen, ähnlich wie in einer Batterie. Sie können nun eine Solarzelle mit einem Verbraucher, d. h. einem elektrischen Gerät zusammenschalten und schon fließt elektrischer Strom.

Eine relativ neue Entwicklung auf diesem Gebiet ist die Grätzel-Zelle, auch Farbstoff-Solarzelle genannt. Entwickelt wurde sie von Michael Grätzel (* 1944) von der Eidgenössischen Technischen Hochschule Lausanne. Bei der Grätzel-Zelle wird wie bei einer Pflanze aus dem Sonnenlicht Energie gewonnen. Hier wird die Lichtenergie jedoch nicht zur Bereitstellung von Sauerstoff und Glukose, sondern zur Gewinnung elektrischer Energie genutzt. Anstatt vergleichsweise teurem Silizium wie bei herkömmlichen Solarzellen wird hier Titandioxid verwendet. Des Weiteren wird zusätzlich wie bei der Pflanze ein organischer Farbstoff, etwa Chlorophyll, zur Lichtabsorption genutzt. Der Farbstoff zieht das Licht an und setzt die Reaktion der Elektronen in Gang; die einzelnen Titandioxidpartikel fungieren wie kleine Antennen, die die Elektronen einfangen, weiterleiten und so für den elektrischen Strom sorgen.

> *Warmwasser mithilfe der Sonne*
> *Natürlich kann man Sonnenenergie auch dazu verwenden, um Warmwasser zu gewinnen. Dann wird die Energie dazu verwendet, in Sonnenkollektoren eine Wärmeträgerflüssigkeit zu erhitzen, die die in ihr gespeicherte Wärme an das Brauchwasser bzw. Heizungswasser abgibt.*

Immer mehr Solarparks entstehen in Deutschland, hierbei wird mit Zehntausenden von Solarstrommodulen Strom gewonnen.

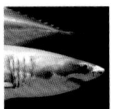

Weniger Energieverbrauch in der Luftfahrt
Die Haifischhaut

Raue Flugzeugoberflächen erzeugen Reibung, die bei der Fortbewegung im Wasser bzw. in der Luft wie eine Bremse wirkt. Die Folge: Der Energieverbrauch der Luftfahrzeuge steigt. Dies war bis vor Kurzem die Lehrmeinung bei den Konstrukteuren. Mittlerweile existieren jedoch technische Entwicklungen nach dem Vorbild der Natur, die auf dem gegenteiligen Prinzip beruhen und hierbei sogar Energie einsparen.

Verwirbelung durch Reibung

Dass glatte Oberflächen wenig Reibung verursachen, ist zwar richtig, dennoch gleiten selbst aerodynamisch geformte, glatte Körper nicht widerstandslos durch die Luft. Was sie bremst, sind Verwirbelungen. Bei der Lösung, diese zu vermeiden, half den Ingenieuren ein Paläontologe auf die Spur. Bereits Ende der 1970er-Jahre fiel dem Tübinger Paläontologieprofessor Wolf-Ernst Reif (* 1945) auf, dass die Haut schnell schwimmender Haiarten von 0,15 bis 0,5 Millimeter breiten Rillen durchzogen ist. Mit dem Ziel herauszufinden, ob es einen Zusammenhang zwischen der Oberflächenstruktur der Haifischhaut und der Schnelligkeit der Tiere gibt, arbeitete er mit den Ingenieuren für Turbulenzforschung des Deutschen Zentrums für Luft- und Raumfahrt

(DLR) zusammen. Um den Reibungswiderstand zu ermitteln, vermaßen die Forscher die Rillenstruktur und übertrugen sie in ein hundertfach vergrößertes Modell aus Plexiglasscheiben. Das Ergebnis: Da die Rillen in Strömungsrichtung verlaufen, setzen sie die Querströmung herab und verringern so die Reibung. So entstehen weitaus weniger bremsende Verwirbelungen und Messungen ergaben, dass der Reibungswiderstand hierbei bis zu zehn Prozent geringer war.

> ### Schwimmen wie ein Hai
> *Nicht nur in der Luftfahrt hat sich die Haihaut als äußerst nützlich erwiesen. Auch in seiner natürlichen Umgebung, dem Wasser, findet die Hautstruktur des Meeresraubtiers neue Einsatzgebiete und hält gleichzeitig Einzug in die Textilindustrie. Die „Fastskin"-Ganzkörperschwimmanzüge der Firma „Speedo", wie sie von Profis wie Ian Thorpe oder Thomas Rupprath getragen werden, ahmen den Effekt der Haifischhaut für den Profischwimmsport nach. Die neu entwickelte Kunstfaser soll den Reibungswiderstand im Wasser verringern, was jedoch nur gelingt, wenn der Anzug faltenfrei am Körper des Schwimmers anliegt.*

Technische Umsetzung in der Luftfahrt

Anfang der 1990er-Jahre entwickelte das Forscherteam des DLR eine selbstklebende Folie für Flugzeugoberflächen, die eine der Haifischhaut nachempfundene Mikrostruktur aufwies. Die ersten Ergebnisse in Tests mit der neuen Folie waren vielversprechend: Die Reibung verringerte sich hierbei um sechs Prozent. Derart ausgestattet könnte ein Flugzeug bis zu 200 Tonnen Kerosin im Jahr einsparen. Noch besteht jedoch ein Nachteil. Um einen vorschriftsmäßigen Sicherheitscheck an der Flugzeugoberfläche vornehmen zu können, müsste die Folie jedes Mal abgenommen werden. Der Aufwand wäre so groß, dass er den Kostenvorteil, der sich durch die Folie ergäbe, zunichte machen würde. Daher arbeitet man derzeit daran, spezielle Lacke mit Haifischhauteffekt zu entwickeln.

Ein Weißer Hai schwimmt im Monterey Bay Aquarium in San Francisco. Hier gelang es Wissenschaftlern erstmals, einen Weißen Hai über einen längeren Zeitraum in Gefangenschaft zu beobachten. Bisher waren solche Versuche gescheitert, da die Raubfische meist nichts fraßen und wieder in die Freiheit entlassen werden mussten.

Giganten der Baustelle: Leichtbaukräne
Die Halswirbelsäule langhalsiger Dinosaurier

In der Wissenschaft sind es nicht mehr nur die Paläontologen, die sich eingehend mit Dinosauriern befassen. Besonders für Ingenieure und die Bauindustrie ist vor allem der Körperbau langhalsiger Dinosaurierarten von großem Interesse.

Halsskelett unter der Lupe
Wissenschaftler unterschiedlichster Fachbereiche beschäftigen sich seit einigen Jahren immer mehr mit der Frage, wie der Körperbau von Dinosauriern ihre Lebensweise prägte. Betrachtet man z. B. den 30 Meter langen und vier Meter hohen Diplodocus, so fällt sofort sein sechs bis sieben Meter langer Hals auf. Doch wie konnte das Tier diesen gewaltigen Hals aufrecht halten?

Mit modernen Methoden wie der Computertomografie (CT) und der Neutronentomografie (NT) untersuchten Schweizer Wissenschaftler des Naturhistorischen Museums Basel (NMB) versteinerte Halswirbel der Saurier, um der Antwort auf diese Frage auf die Spur zu kommen. Die Erkenntnisse, die sie dabei gewannen, sind erstaunlich. Es gelang ihnen, die Weichteile, die früher die Hohlräume in und um die Wirbel ausgefüllt hatten, zu rekonstruieren. Dabei stellte sich heraus, dass der Dinosaurier um die Halswirbel ein dreitei-

liges System aus Luftschläuchen besaß. Mithilfe dieser pneumatischen Schläuche konnte der Diplodocus seinen langen Hals verhältnismäßig mühelos aufrecht halten. Im Zusammenhang mit einem ausgefeilten Bänderapparat und der umgebenden Muskulatur war es ihm so möglich, den Hals mit Leichtigkeit zu bewegen.

Weniger Gewicht, mehr Beweglichkeit
Berechnungen der Schweizer Wissenschaftler zeigen, dass durch diesen Leichtbautrick die Masse des Halses um das Vier- bis Fünffache geringer war, als man bislang gedacht hatte.

> ### Das Problem der Balance
> *Bei der Konstruktion möglichst schwankungsresistenter Kräne gilt: Je länger der Ausleger ist, desto schwieriger ist es, ihn auszubalancieren und den Kran somit stabil zu halten. Daher sind bisher gewaltige Kontergewichte nötig, um die Stahlkolosse überhaupt im Gleichgewicht halten zu können. Die Leichtbauweise nach dem Vorbild von Dinosaurierhälsen soll daher dabei helfen, Baukräne sowohl leichter als auch stabiler zu machen.*

Die pneumatischen Schläuche trugen also nicht nur dazu bei, dass das Tier seinen langen Hals aufrecht halten und bewegen konnte, sie führten auch dazu, dass er verhältnismäßig leicht war.

Sieht man sich moderne Kräne auf Baustellen oder in Hafenanlagen an, merkt man schnell, dass Ingenieure bei der Konstruktion einer solchen „Hebeanlage" dieselben Aufgaben lösen müssen, wie sie die Natur im Fall der Dinosaurier vor Millionen Jahren gelöst hat.

Aus diesem Grund liegt es natürlich nahe, die Erkenntnisse der Saurierforscher zu nutzen und einen Kran in Leichtbauweise zu entwerfen, der zur Stabilisierung ebenfalls pneumatische Schläuche verwendet. Auf diese Weise könnte es möglich sein, größere, aber dennoch leichtere und beweglichere Kräne zu entwickeln. Die Ingenieure träumen sogar davon, eine Beweglichkeit zu erreichen, die der des Halses beim Diplodocus entspricht.

Kräne im Hafen von Göteborg verdeutlichen, wie gewaltig und grazil zugleich diese in Leichtbauweise hergestellten Apparate ihre Arbeit verrichten. Ein ihnen als Vorbild dienender Saurier würde neben diesen Riesen aus Stahl wohl inzwischen sehr unbedeutend ausschauen.

Auch Roboter sind gemeinsam stärker
Ameisenstaaten

Ameisen zählen zu den am weitesten verbreiteten Insekten überhaupt. Die kleinen Tiere leben in Staaten, denen bis zu 20 Millionen Tiere angehören können. Ameisen sind aufeinander angewiesen – eine einzelne Ameise kann auf Dauer nicht überleben.

Auf kürzestem Weg zum Ziel

Es ist überraschend, wie sich aus dem scheinbar ungeordneten Gewimmel einer Ameisenkolonie immer wieder eine Ordnung herauskristallisiert und wie die Ameisen jede Aufgabe, mit der sie konfrontiert werden, bewältigen und auf jede Schwierigkeit angemessen reagieren. Diese Tatsache ist umso erstaunlicher, wenn man weiß, dass die Ameisen in einer sich selbst organisierenden Gemeinschaft leben und nicht dem Kommando eines Leittiers folgen. Man nennt dieses Phänomen in der Wissenschaft auch Schwarmintelligenz. Eine Ausprägung der Schwarmintelligenz ist der sogenannte Ameisenalgorithmus. Dieses Phänomen kann man sehr gut im Labor an Ameisen, die auf Futtersuche sind, untersuchen. Bei der Futtersuche scheiden Ameisen in regelmäßigen Abständen einen Duftstoff aus. Früher oder später werden die Ameisen Futter finden, und es ist klar, dass es eine Vielzahl von Wegen zur Futterstelle gibt. In der Natur wird aber nichts verschwendet. Das gilt auch für die Energie und den Weg der angewandt wird. Nach und nach finden immer mehr Ameisen den kürzesten Weg. Weil sich auf dieser kurzen Strecke in der gleichen Zeit viel mehr Ameisen befinden als auf längeren Strecken, wird hier die Duftstoffkonzentration mit der Zeit immer stärker. Die Ameisen müssen nun nur noch der stärksten Duftkonzentration folgen. Auf diese Weise bilden sich die sogenannten „Ameisenstraßen".

Autonome Roboter

Auch in der Computer- und Robotertechnik können die Prinzipien der Schwarmintelligenz angewandt werden. So könnte beispielsweise eine „Flotte" kleiner, unabhängiger Roboter Rasenflächen mähen oder Müll einsammeln. Nach dem Prinzip der Schwarmintelligenz müssten sie dann nicht mehr von einer zentralen Stelle gesteuert werden.

Das Beispiel der Ameisen auf Futtersuche haben Informatiker für eine Brennstofffirma, die am Luganer See ansässig ist, bereits umgesetzt. Sie analysierten mit Computern die Wege der Speditionsfahrzeuge, um die optimale Verbindung zwischen den einzelnen Orten herauszufinden. Anstelle von Duftmarken hinterließen die Fahrzeuge der Spedition Datenpakete, deren Informationen mit der Zeit automatisch schwächer werden. Anschließend wurden die Fahrten analysiert. Dort, wo die meisten Datenpakete hinterlassen wurden, kristallisierte sich die optimale Wegstrecke deutlich heraus.

Eine Gruppe Ameisen beim Melken von Blattläusen zeigt, dass die Insekten auch hier gemeinsam stärker sind: Über Duftstoffe informieren sich die Insekten gegenseitig, wo es Futter gibt.

> ### Shoppen mit Schwarmintelligenz
> *Forscher des Florida Institutes of Technology (FIT) sind der Ansicht, dass sich Menschen im Supermarkt kaum anders verhalten wie Ameisen oder Fischschwärme. Um die Umsätze zu steigern, wollen einige Supermarktketten ihre Einkaufswagen mit Barcode-Scannern und Monitoren ausstatten. Der Einkaufswagen erkennt anhand der Barcodes, welches Produkt ein Kunde in den Wagen gelegt hat. Über kleine Monitore wird dann den übrigen Kunden, die dasselbe Produkt in die Hand nehmen, vermittelt, wie gut dieses Produkt bei den übrigen Kunden ankommt, z.B. mit Meldungen wie: „Jeder achte Kunde hat dieses Produkt gekauft."*

Kein Weltraumspaziergang ohne Verbindung zum Mutterschiff
Die Nabelschnur

Versorgungsleitungen, die Energie und Sauerstoff liefern und Abfallprodukte abtransportieren, sind lebensnotwendig – man denke nur an die Nabelschnur. Inzwischen gibt es viele Anwendungsgebiete in Forschung und Technik, bei denen Versorgungsleitungen nach dem Vorbild der Nabelschnur eingesetzt werden.

Von Anfang an bestens versorgt

Beim Menschen ist die Nabelschnur zum Zeitpunkt der Geburt ungefähr 50 bis 60 Zentimeter lang und zwei Zentimeter dick, sie ist spiralförmig gewunden und enthält drei Gefäße – zwei Nabelarterien, die kohlendioxid-

---

Lebensrettendes Nabelschnurblut
Nabelschnüre können auch nach der Geburt, wenn die Verbindung zwischen Mutter und Kind unterbrochen ist, sehr nützlich sein. Sie enthalten durchschnittlich 80 Milliliter kindlichen Bluts sowie die sogenannten Stammzellen. Stammzellen können sich zu beliebigen Zellen ausbilden. So können sie z.B. Leukämiepatienten, denen sie nach einer Chemotherapie implantiert werden, helfen, ein neues immun- und blutbildendes System aufzubauen.

---

reiches und nährstoffarmes Blut vom Kind zur Plazenta leiten, und eine Nabelvene, die Blut von der Plazenta zum Kind leitet. Eine der beiden Arterien, zumeist ist es die rechte Arterie, bildet sich nach einigen Wochen zurück.

Die Nabelschnur ist von einem gallertartigen Bindegewebe umgeben. Es besteht aus Kollagenen, d.h. besonders beweglichen Bindegewebszellen, den sogenannten Fibroblasten, und einem größeren Anteil an Zellen, die besonders gut Wasser binden. Diese Zellen nennt man in der Fachsprache Hyaluronen. Sie sind besonders druckbeständig und dienen so dem Schutz der Blutgefäße in der Nabelschnur. Diese Struktur sorgt für eine größtmögliche Flexibilität, zugleich ist die Nabelschnur vor dem Abknicken geschützt.

Leben retten und erhalten

Versorgungsleitungen spielen nicht nur in der frühesten Phase des Lebens eine Rolle. Immer dann, wenn ein Mensch seinen Körper nicht mehr selbst mit den nötigen Nährstoffen und Atemluft versorgen kann, sind künstliche Versorgungsleitungen unabdingbar.

So könnte kaum jemand eine längere und größere Operation ohne lebenserhaltende Systeme, wobei man über Schläuche Medikamente und Blut erhält, überstehen.

In einer für uns Menschen lebensfeindlichen Umgebung sind künstliche Versorgungsleitungen ebenfalls notwendig. Ein Beispiel dafür ist der Weltraum: Künstliche Versorgungsleitungen kommen hier zum Einsatz, wenn Astronauten „Weltraumspaziergänge", bei denen sie wichtige Reparatur- oder Forschungsarbeiten ausführen, unternehmen. Eine Versorgungsleitung, die sie mit Luft und Wasser versorgt, verbindet die Astronauten mit dem Mutterschiff bzw. der Raumstation. Ebenso lebensfeindlich wie der Weltraum ist die Tiefsee. In großen Tiefen müssen Taucher wegen des enormen Drucks gepanzerte Anzüge tragen. Sie erhalten ihre Atemluft über lange Schläuche von den Booten, die sie begleiten.

Doch nicht nur Menschen sind auf Versorgungsleitungen angewiesen. Auch unbemannte Roboter profitieren von der Nabelschnurtechnik: Tiefseeroboter, die mittels einer Nabelschnur mit dem Mutterschiff verbunden sind und von dort gesteuert werden, nennt man „remotely operated vehicles" (ROV).

Auch im Weltraum dient die Versorgungsleitung als künstliche Nabelschnur: Über sie wird der Astronaut mit Sauerstoff und Flüssigkeit versorgt.

Unkaputtbare Verbundmaterialien, passend für jede Anwendung
Perlmutt und Holz

Die Materialwissenschaft ist eine Disziplin, die sich seit langer Zeit mit dem Entwurf, der Herstellung und der Verarbeitung neuer Materialien beschäftigt. Dabei greifen Wissenschaftler auf Erkenntnisse verschiedener Fachgebiete, z. B. Biologie, Physik, Chemie oder Mineralogie, zurück. In jüngster Zeit geht es vor allem darum, ultraleichte, aber trotzdem stabile Werkstoffe zu entwickeln.

Schön, schillernd und stabil

In der Natur ist jedes Material durch die Evolution perfekt an die vorherrschende Umweltsituation angepasst. Es liegt daher mehr als nahe, der Natur gerade auch im Bereich der Materialwissenschaften über die Schulter zu schauen und von ihr zu lernen.

Ein natürliches Material, das den Ingenieuren jede Menge Anregungen bietet, ist Perlmutt. Perlmutt kommt in der Natur als innerste Schicht der Schalen von Weichtieren wie Muscheln vor. Das Material ist ausgesprochen fest und hart und besitzt ein sehr günstiges Bruchverhalten.

Der Hauptbestandteil des Perlmutt ist Kalk, ein eigentlich sehr weiches Material. Perlmutt ist aber sehr viel härter: Genau genommen besitzt es eine über 3000-mal höhere Festigkeit als Kalk. Außerdem findet man in Perlmutt geringe Mengen an Eiweiß und Chitin. Warum Perlmutt, anders als sein Hauptbestandteil Kalk, so hart ist, liegt also weniger am Material als am Aufbau. Wie ein Blick durch ein Elektronenmikroskop zeigt, liegt der Kalk im Perlmutt in Form von vielen kleinen Plättchen, die ähnlich wie Ziegelsteine in einer Mauer angeordnet sind, vor. Eingebettet sind diese Plättchen in eine Matrix aus Eiweiß und Chitin, die, um beim Bild der Mauer zu bleiben, eine Art verbindenden Mörtel bilden.

> ### Überleben mithilfe der schützenden Perlmuttschale
>
> *Der Nautilus, der zur Gattung der Perlboote gehört, ist ein urtümlicher Tintenfisch; die ersten Exemplare lebten bereits vor 500 Millionen Jahren, also noch vor den Dinosauriern. Man findet ihn heute hauptsächlich im westlichen Pazifik und in einigen Regionen des Indischen Ozeans. Das Besondere am Nautilus ist sein Schneckenhaus, in das er sich zurückziehen kann. In ihm kann er auf eine Tiefe von bis zu 600 Metern abtauchen. Dass das Schneckenhaus dem in diesen Tiefen herrschenden enormen Druck standhalten kann, verdankt es u. a. dem Perlmutt, aus dem es besteht.*

Wenn man Druck auf eine Perlmuttfläche ausübt, weichen die Kalkplättchen in der nachgiebigen Eiweiß- und Chitinschicht auseinander. So werden die Kräfte von dieser Schicht aufgenommen und auf die gesamte Fläche verteilt. Dieser Effekt sorgt für die hohe Festigkeit des Perlmutts. Auch die Technik greift mittlerweile auf dieses Prinzip zurück. Glasfaser- oder kohlenstofffaserverstärkte Kunststoffe, wie sie beispielsweise in der Luft- und Raumfahrt eingesetzt werden, sind dem Perlmutt nachempfunden. Sie bestehen aus Glas- beziehungsweise Kohlenstofffasern, die man in eine Kunststoffmasse eingebettet hat.

Zug- und druckfester Verbundstoff

Holz ist nicht nur ein Baustoff, der bei uns und noch mehr in Skandinavien in der Bautechnik und bei der Möbelherstellung verwendet wird. Während beim Perlmutt weiche und harte Stoffe miteinander kombiniert werden, verbindet Holz zug- und druckfeste Bestandteile miteinander. Auch solche Materialien findet man in der Technik mittlerweile. Ein gutes Beispiel dafür ist der Stahlbeton. Beton hat im Vergleich zu seiner hohen Druckfestigkeit eine nur sehr geringe Zugfestigkeit. Stahl hingegen weist hier sehr gute Werte auf.

Das Perlmutt einer Perlmuschel schillert bei Bewegung in den unterschiedlichsten Farbtönen und macht es dadurch zu einem beliebten Verarbeitungsstoff für Schmuck. Aber nicht nur Goldschmiede machen sich diesen natürlichen Rohstoff zunutze, auch in der bionischen Forschung wird die Struktur des Perlmutts genutzt, um festere Baustoffe zu entwickeln.

Die Taucherglocke bringt den Menschen in unbekannte Tiefen
Die Luftglocke der Wasserspinne

Spinnen gehören zu den Tieren, die Bionik- forschern besonders viele Anregungen für neue Produkte geben. Dabei spielt aber nicht nur deren Netz eine wichtige Rolle.

Luftgespinst unter Wasser

Die Atemluft, die die Wasserspinne benötigt, führt sie unter Wasser stets mit sich. Zu die- sem Zweck webt sie sich eine Taucherglocke. Diese Glocke schwimmt unter Wasser und ist mit Luft gefüllt. In dieser Taucherglocke lebt die Spinne die meiste Zeit und verzehrt auch ihre Beutetiere.

Doch wie bildet die Wasserspinne ihre Luft- glocke? Sie hebt ihr Hinterteil, an dem sich spezielle Wasser abweisende Härchen befin- den, aus dem Wasser und taucht es anschlie- ßend blitzschnell wieder ins Wasser ein. Auf diese Weise bleibt eine Luftblase am Hinterleib haften. Diese Luft können die Spinnen nun in ihrer Taucherglocke transportieren.

In den Wintermonaten verlassen Wasserspin- nen ihre gewebten Behausungen und ziehen in leere Schneckenhäuser ein, die sie auf die gleiche Weise wie ihre Taucherglocken mit Luft füllen. Den Eingang verschließen sie durch ein Gespinst oder zusammengesponne- ne Pflanzenteile. Daraufhin lassen Sie sich mit dem Schneckenhaus an die Oberfläche des Gewässers treiben. So können die Wasserspin- nen die kalte Jahreszeit vergleichsweise kom- fortabel und vor allem sicher überleben.

Offene und geschlossene Taucherglocken

Das Prinzip einer Taucherglocke ist schon sehr lange bekannt. Bereits im Jahr 320 v. Chr. beschrieb der griechische Gelehrte Aristoteles (384–322 v. Chr.) eine derartige Konstruktion. Grundsätzlich unterscheidet man bei der

---

Gefährliche Technik

Eine besondere Variante der Taucherglocke ist der Senkkasten. Er wird bei größeren Arbeiten auf dem Grund von Gewässern eingesetzt. Vor allem im Hafenbecken, im Tunnel- und Brü- ckenbau ist diese spezielle Taucherglocke eine große Hilfe. Hier wird die Luft mittels Kompres- soren über Luftschläuche ständig in den Kasten gedrückt. Der Luftdruck muss dabei im Kasten höher als der umgebende Wasserdruck sein, damit der Kasten nicht zerstört wird. Dies hat beim Bau der amerikanischen Brooklyn Bridge beinahe zu einer Katastrophe geführt, da die Arbeiter wegen des hohen Drucks sehr krank wurden, einige kamen sogar zu Tode.

Konstruktion von Taucherglocken zwischen zwei verschiedenen Bauweisen, den offenen und geschlossenen Taucherglocken. Offene Taucherglocken orientieren sich am Beispiel der Luftglocken von Wasserspinnen; sie sind, wie der Name bereits andeutet, unten offen und werden mit der Öffnung nach unten in das Wasser abgesenkt. Dabei wird die Luft- blase im Inneren durch den Wasserdruck so weit zusammengepresst, bis der Wasserdruck und der Luftdruck in der Blase gleich sind. Nun kann die Luft aus der Glocke nicht mehr entweichen. Einige modernere Varianten die- ser Taucherglocken verfügen über eine ex- terne Luftzufuhr. Auf diese Weise kann die Tauchzeit deutlich erhöht werden. Daneben gibt es geschlossene Taucherglocken. Sie fin- den u. a. als Transportmittel, wenn Taucher eine längere Zeit in großer Tiefe arbeiten und bereits vorher auf den dort herrschenden Druck vorbereitet werden müssen, Verwen- dung.

Die Abbildung zeigt einen Kupferstich mit dem Titel „Taucherglocke zur Bergung gesunkener Schiffs- ladungen" aus Michael Bernhard Valentinis Buch „Museum Museorum Oder Vollstaendige Schau- Buehne Aller Materialien", Frankfurt a. M. 1714.

Auffüllen und Abdichten – leicht gemacht mit Bauschaum
Schaumgebilde der Gottesanbeterin

Bei der Aufgabe, dem Nachwuchs das Überleben zu sichern, hat die Natur zum Teil aufwendige Lösungen entwickelt. Während die meisten Tiere versuchen, ihre Nachkommen durch Tarnung zu schützen oder die Eier stets bei sich zu tragen, hat die in Südeuropa beheimatete Gottesanbeterin (*Empusa pennata*) eine weitere Methode entwickelt. Dieser Schutz ist Vorbild für technische Anwendungen mit großem Entwicklungspotenzial.

Eier im schützenden Schaum
Wenn das Weibchen der Gottesanbeterin eine Stelle für ihr Gelege gefunden hat, klebt sie ein schaumiges Sekret auf die Unterlage, in das sie ihre Eier ablegt. Danach umhüllt sie die Eier komplett mit derselben schaumigen Masse, die recht bald aushärtet. Darüber kommt eine weitere Schicht von Eiern, die wiederum vollständig eingeschäumt werden. Dieser Vorgang wiederholt sich so oft, bis das Gelege, Biologen nennen es Oothek, vollständig ist.
Die Oothek schützt die Eier der Gottesanbeterin in erster Linie vor Witterungseinflüssen. Sie kann großen Temperaturschwankungen zwischen –40 °C und bis zu extremer Hitze standhalten. Das ist auch wichtig, da die Eier der europäischen Gottesanbeterin ungefähr 240 Tage in ihrer schützenden Hülle verblei-

ben, bis die Jungtiere aus der Kokonhülle rutschen. Doch es gibt auch einen Nachteil: Der Kokon, der zwischen 100 und 300 Eier enthält, bietet keinen Schutz vor Fressfeinden. Auch

> ### Selbstreparaturschaum für tragende Elemente
> *PU Schaum weckt nicht nur das Interesse des Baugewerbes, auch die Wissenschaft experimentiert mit diesem Material. So haben Forscher aus Freiburg eine sich selbst reparierende Membran entwickelt. Unter der verwendeten Membran befindet sich eine Schaumschicht aus Polyurethanschaum, die durch Druck an die Membran gehoben wird. Tritt nun ein Defekt der Membran auf, quillt der Schaum an der entsprechenden Stelle sofort auf und verschließt das Loch. Als konkrete Anwendung ist geplant, spezielle Membranen, die als tragende Elemente im Brückenbau Verwendung finden könnten, mit PU Schaum zu beschichten und so unempfindlicher zu machen. Diese Elemente ähneln dann langen und dicken luftgefüllten Schläuchen, auf denen dann eine dünne Fahrbahn montiert werden kann. Die Konstruktion wird auf diese Weise sehr leicht, ist aber dennoch stabil.*

Parasiten lassen sich von dem ausgehärteten Schaum des Gottesanbeteringeleges nicht abschrecken.

Montageschaum
Der aushärtende Schaum der Gottesanbeterin war Vorbild für Montageschäume, wie sie im Bauwesen verwendet werden. Sie werden dazu benutzt, Bauteile zu isolieren. Darüber hinaus sind sie ein Material, das sich sehr gut zum Einsetzen von Fenstern und Türzargen eignet: Solange der Schaum noch feucht ist, kann man Korrekturen vornehmen. Später verfestigt sich der Schaum und hinterlässt keine Zwischenräume zwischen dem Mauerwerk und der Zarge bzw. dem Fenster.
Die Stoffe, aus denen derartige Montageschäume üblicherweise hergestellt werden, nennen sich Polyurethane; sie sind besser unter ihrer Abkürzung PU bekannt. Die Grundlage aller Polyurethane sind lange Ketten von Kunststoffmolekülen, die in Verbindung mit Sauerstoff und Wasserstoff, wie sie z. B. im Wasser vorkommen, räumliche Strukturen, d. h. Schäume, ausbilden. Sie können hart und spröde oder auch weich und biegsam sein. Welche Eigenschaften sie annehmen, hängt ausschließlich von ihrer genauen chemischen Zusammensetzung ab.

Der Kokon einer Gottesanbeterin ist kaum als
ein solcher zu erkennen: Der Schaum, den das
Muttertier schützend um das Gelege ihrer Jungen
gelegt hat, kaschiert die Form der Fangschrecken
und bietet so eine zusätzliche Gefahrensicherung.

Extrem leicht, elastisch und schusssicher
Die Spinnenseide

Spinnen zählen in der Regel nicht zu den beliebtesten Tieren. Die Bionikforscher bilden hier eine Ausnahme, sie sind maßlos fasziniert. Kein Wunder – schließlich liefern ihnen diese Tiere viele Anregungen für ihre Forschung.

Stahlhart und elastischer als Gummi

Von besonderem Interesse für die Forscher ist die Spinnenseide, aus denen die filigranen Netze und dessen Fäden gefertigt sind. Einige Daten genügen, um zu zeigen, warum das so ist: Spinnenseide ist zehnmal dünner als ein menschliches Haar, 20-mal fester als Stahl und elastischer als Gummi – Spinnenfäden können sogar bis auf das 300-Fache ihrer Ursprungslänge gedehnt werden. Kein anderes Material, egal ob künstlich oder aus der Natur, hat derartige Eigenschaften.

Doch damit nicht genug. Spinnen können bis zu sieben verschiedene Seidenarten produzieren. Sie spinnen je nach Bedarf Fäden von unterschiedlicher Festigkeit. Ein Haltefaden, mit dem das Netz befestigt wird, besteht aus mehreren Einzelsträngen und ist deshalb besonders fest. Für ihre Netze verwenden Spinnen eine Fadenart, die optimal auf das Einfangen von sich im Flug befindenden Insekten ausgelegt ist. Diese Fangfäden sind sehr elastisch.

Untersuchungen mit dem Elektronenmikroskop haben gezeigt, dass Spinnenfäden aus einem Bündel von winzigen Fasern, den sogenannten Fibrillen, bestehen. Sie sind wiederum aus verschiedenen Eiweißketten zusammengesetzt. Die charakteristischen Eigenschaften der einzelnen Fadentypen werden vor allem davon bestimmt, welche Eiweißketten wie häufig und in welcher Reihenfolge in dem jeweiligen Faden vorkommen. Die Eigenschaften eines Fadens werden erst beim Spinnen festgelegt. Die „Fadenrohmasse" ist jedoch immer dieselbe. Was sich genau beim Spinnen abspielt, haben Wissenschaftler bis heute aber noch nicht klären können.

> ### Spinnenseide in der Medizin
> *Bei Unfällen werden häufig Nerven durchtrennt. Hände, Füße, Arme, Beine oder Gesichtspartien können danach gelähmt oder gefühllos sein, weil vor allem bei großen Verletzungen die Nervenenden nicht mehr zusammenwachsen. Das könnte sich bald ändern: Ärzte der Medizinischen Hochschule Hannover (MHH) benutzen Spinnenseide tropischer Radnetzspinnen zur Stimulation des natürlichen Nervenwachstums, wodurch die Nerven wieder zusammenwachsen.*

Künstliche Spinnenseide

Dem Biochemiker Thomas Scheibel (* 1969) der Universität Bayreuth ist es gelungen, Bakterien gentechnisch so zu verändern, dass sie Spinnenseide produzieren. Dieses künstliche Produkt verfügt noch nicht über dieselbe Festigkeit wie natürliche Spinnenseide, da sie nur ein Fünftel des natürlichen Vorbildes erreicht. Dies ist dennoch um einige Größenordnungen besser als alle vorher unternommenen Versuche, künstliche Spinnenseide herzustellen.

Für künstliche Spinnenseide gibt es zahlreiche Anwendungsgebiete. Mit ihr könnten extrem haltbare, aber dennoch sehr leichte Seile, etwa für Fallschirme, hergestellt werden. Die besondere Festigkeit von Spinnenseide kann aber auch für schussichere Westen genutzt werden. Hier haben erste Versuche gezeigt, dass eine vergleichsweise dünne Schicht dieser Seide durchaus in der Lage ist, handelsübliche Pistolenkugeln abzustoppen. Solche Westen aus Spinnenseide hätten den Vorteil, dass sie sehr leicht und komfortabel zu tragen sind.

Die Herstellung von künstlichen Spinnfäden hat gerade erst begonnen. Man geht davon aus, dass bald besonders reißfeste Materialien auf dem Markt sind.

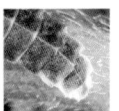

Indikatoren auf der Basis der Biolumineszenz

Glühwürmchen & Co.: leuchtende Tiere

Jeder, der die leuchtenden Hinterteile von Glühwürmchen einmal gesehen hat, wird sich wohl gefragt haben, wie die kleinen Tierchen diese Leuchtsignale aussenden. Wissenschaftler und Ingenieure, die an diesem Phänomen forschen, haben erste, vielversprechende technische Anwendungen entwickelt.

Beute fangen und kommunizieren

Biolumineszenz ist der wissenschaftliche Fachausdruck für Leuchtsignale wie die des Glühwürmchens und beschreibt die Fähigkeit von Organismen, selbstständig Licht zu erzeugen. Neben dem Glühwürmchen gibt es viele weitere Tiere, die sich ihrer bedienen, um Beutetiere anzulocken oder sich vor Feinden zu schützen.

Skurrile Zeitungsente

Bisweilen führt die Begeisterung über Errungenschaften der Bionik zu recht bizarren Ergebnissen. So meldete eine britische Zeitung 1999, Wissenschaftler hätten einen selbstleuchtenden Weihnachtsbaum entwickelt. Diese Meldung schaffte es fast überall in die Schlagzeilen. Allerdings hatte es weder einen solchen Baum noch Versuche, ihn zu erfinden, gegeben.

In der völligen Dunkelheit der Tiefsee findet man besonders viele Tiere, die zur Biolumineszenz fähig sind, wie z. B. den Beilfisch, der Lichtblitze erzeugt, um seine Feinde in die Irre zu führen. Ein weiteres Beispiel für die Nutzung von Biolumineszenz zur Beutejagd ist der Anglerfisch. Er besitzt direkt vor seinem Maul ein Organ, das Licht erzeugen kann. Damit lockt er Beutetiere an und schnappt blitzschnell zu, wenn diese ihm zu nahe kommen. Aber wie funktioniert Biolumineszenz? Eine zentrale Rolle spielt dabei ein besonderes Enzym, das den Namen Luciferase trägt. Es sorgt dafür, dass ein weiterer Stoff, das sogenannte Luciferin, mit Sauerstoff reagieren kann. Bei dieser Reaktion entsteht – als Abfallprodukt sozusagen – Licht. Aber nicht alle Lebewesen erzeugen ihr Leuchten auf diese Weise. Der oben bereits erwähnte Anglerfisch nutzt hierzu z. B. spezielle Bakterien.

Biolumineszenz in der Wissenschaft

Die Möglichkeit, ohne den Einsatz elektrischen Stroms Licht zu erzeugen, hat die Kreativität vieler Ingenieure beflügelt. Bei solchem Licht handelt es sich um „kaltes Licht", da beim Leuchten keine nennenswerte Wärme entsteht. Noch sind konkrete Umsetzungen für Biolumineszenz in der Technik ganz am Anfang ihrer Entwicklung, aber es gibt bereits erste Anwendungen, bei denen man Biolumineszenz erfolgreich eingesetzt hat.

Die Biolumineszenz dient in der Molekularbiologie als effektive und risikoarme Markierungsmethode. Man setzt gezielt leuchtende Zellen in einen Organismus ein und verfolgt ihren Weg. Früher gelang das nur mit radioaktiv markierten Zellen, einer Methode, die hohe Risiken in sich birgt. Auch zum Nachweis von Giften in bestimmten Stoffen und Organismen eignet sich die Biolumineszenz. Anhand der Lichtstärke kann man den Grad der Verunreinigung messen.

Inzwischen denken die Wissenschaftler schon längst einen Schritt weiter. Einige Forscher arbeiten derzeit an der Entwicklung von selbst leuchtenden Computermonitoren, die auf dem Prinzip der Biolumineszenz beruhen. Ob es in Zukunft möglich sein wird, auch Beleuchtungskörper auf dieser Grundlage zu entwickeln, die ohne elektrischen Strom funktionieren, bleibt abzuwarten.

Glühwürmchen setzen ihr Licht zur Kommunikation mit ihren Artgenossen ein. Forscher entwickeln derzeit auch mithilfe von Glühwürmchen-Enzymen ein Mittel, um Dopingsünder zu überführen.

Enorme Stabilität durch Faserverstärkung
Die Kieselalge

Kieselalgen sind so winzig, dass man sie mit bloßem Auge nicht erkennen kann. Doch es lohnt sich, sie unter dem Mikroskop anzuschauen. Im Lauf der Jahrmillionen, die sie bereits die Erde bevölkern, haben Kieselalgen ihre Silikatschalen so weit optimiert, dass sie trotz des geringen Materialeinsatzes außerordentlich stabil sind.

Leicht und trotzdem hart

In Zeiten der Rohstoff- und Energieknappheit werden solche Eigenschaften immer wichtiger. Es liegt also nahe, wenn Biologen und Ingenieure die verschiedenen Formen der Kieselalgen unter dem Aspekt der technischen Verwertbarkeit untersuchen. Dabei hat es bislang den Forschern zunächst eine Art besonders angetan – die nur ein Zwanzigstelmillimeter große Kieselalge *Arachnoidiscus japonicus*. Diese Kieselalge kombiniert in ihrer Schale gleich mehrere sehr effektive Leichtbauprinzipien, u. a. Wabenkonstruktion, Querrippen und gewellte Oberflächen. Dennoch ist sie außergewöhnlich fest: Christian Hamm (* 1965) vom Alfred-Wegener-Institut für Polar- und Meeresforschung hat die Alge unter dem Rastermikroskop untersucht und auf der Basis der Aufnahmen ein digitales Modell entwickelt. Anschließend wurden in Zusammenarbeit mit der TU München und dem Forschungszentrum Jülich mikromechanische Crashtests durchgeführt. Das Ergebnis: Die Schalen der *Arachnoidiscus japonicus* hielten Belastungen stand, die 700 Tonnen pro Quadratmeter entsprechen.

Autofelgen, Computergehäuse und mehr

Aufgrund dieser Eigenschaften ist diese Kieselalge als Vorbild für Autofelgen wie geschaffen. Ähnlich wie die Alge müssen auch Autofelgen einem hohen Druck, d. h. vor allem seitlichen Kräften, standhalten. Doch es gibt einige Unterschiede: Anders als Autofelgen hat die Kieselalge nicht fünf, sondern 15 Speichen. Ihre enorme Stabilität erhalten sie über Ringe und 15 zusätzliche kurze Speichen. Trotz dieser Abweichungen ist die Kieselalgenkonstruktion für den Straßenverkehr tauglich. Inzwischen haben die Forscher einen Prototypen aus faserverstärktem Kunststoff hergestellt, der deutlich leichter als herkömmliche Metallfelgen ist. Das Material der Prototypenfelge ähnelt sogar dem der Kieselalge. Dennoch ist davon auszugehen, dass die neuen Felgen aus Metall gefertigt werden. Auch wenn die Algenfelge möglicherweise schwerer wird, ihr Gewicht wird die derzeit im Handel erhältlichen Felgen definitiv unterbieten.

Die große Bandbreite der Kieselalgenarten eröffnet weiteren technischen Anwendungen Tür und Tor. Christian Hamm arbeitet an Computergehäusen, die auch nach dem Vorbild der Kieselalgenschale konstruiert sind. Der Vorteil: Das Algengehäuse ist mit Poren durchsetzt, die für eine gute Belüftung sorgen und zugleich das Gewicht des Computers verringern.

Eine 950-Fache Vergrößerung bringt es zutage: Die Schale einer zentrischen Kieselalge hat eine ausgeformte Wabenkonstruktion, mit der sie den höchsten Belastungen trotzt.

Lampendesign nach Algenart

Markus Geisen (1971), der ebenfalls am Alfred-Wegener-Institut forscht, arbeitet mit dem international bekannten Designer und Ingenieur Alberto Meda (* 1945) an der Konstruktion einer ästhetisch ansprechenden Lampe, die das Licht optimal bündelt. Das Vorbild hierfür ist ebenfalls eine Alge, in diesem Fall jedoch eine Kalkalge. Ein Prototyp der Lampe wurde auf der Bundesgartenschau (BUGA) 2005 in München der Öffentlichkeit vorgestellt.*

Optische Computer lernen, um die Ecke zu denken

Der Morphofalter

Um die Miniaturisierung und die Geschwindigkeit von Computern voranzutreiben, sind neuartige Konzepte und Technologien gefragt. Mit der Entwicklung von optischen Computern, die nicht mehr elektrischen Strom, sondern Licht verwenden, hat die Computertechnik die ersten Schritte in diese Richtung unternommen. Die wichtigste Anregung dafür liefert ein Falter aus dem Regenwald.

Ein „blaues Wunder"

Der Morphofalter ist eine Art Wegweiser für eine neue Computergeneration. Diese Falterart, von der es rund 80 verschiedene Unterarten gibt, ist im Regenwald Südamerikas beheimatet. Mit ihrer Flügelspannweite von bis zu 20 Zentimetern gehören Morphofalter schon allein aufgrund ihrer Größe zu den auffälligsten Schmetterlingen überhaupt. Während einige Arten unscheinbar, aber dank ihrer hellgrünen oder braunen Farbe gut getarnt sind, zeichnen sich einige Arten durch ihre intensiv blau schimmernden Flügel aus. Wieso schillern die Flügel dieser Arten so intensiv? Üblicherweise sind die Flügel von Schmetterlingen mit farbigen Schuppen bedeckt, die in Mustern angeordnet sind. Auch die Flügel des blau schimmernden Morphofalters sind von solchen Schuppen bedeckt. Doch anders als die der braun bzw. grün geflügelten Morphofalter und aller übrigen Falterarten besitzen die Schuppen des blau schimmernden Morphofalters kein einziges Farbpigment. Die blaue Farbe wird auf eine andere Art erzeugt. Ein Blick durch das Elektronenmikroskop verrät, wie das intensive Blau gebildet wird: Die Schuppen des blauen Morphofalters sind von kleinen Rillen, die in ihrer Form an Tannenbäume erinnern, durchzogen. Das Licht, das auf den Flügel auftrifft, wird von den Ästchen der „Tannenbäume" reflektiert. Dabei kommt es zu einem Phänomen, das in der Physik unter dem Begriff Interferenz bekannt ist. Die Lichtwellen weisen Berge und Täler auf. Überlagern sich nun zwei Lichtwellen so, dass ein Berg auf ein Tal trifft, löschen sie sich gegenseitig aus. Trifft ein Berg auf einen Berg, verstärkt sich das Licht. Die Schuppen der blau schillernden Morphofalter sind so beschaffen, dass sich das Licht aller Farben bis auf Blau bei der Reflexion durch Interferenz auslöscht, das Blau hingegen wird allerdings noch verstärkt.

Computer nach „Morphoart"

Die Möglichkeit, dass Farben allein mithilfe des Lichteinfalls erzeugt werden, ist auch in der Technik von Interesse. Forscher der Universität Jena wollen das „Morphoprinzip" für die Telekommunikation nutzbar machen. Kristalle, die den Schuppen des Morphofalters nachempfunden sind, sollen in optischen Computern das Licht einfangen, reflektieren, speichern und sogar „um die Ecke" lenken. Solche Bauelemente benötigten nur ein Tausendstel des Platzes üblicher Computerchips und wären nicht nur deutlich leistungsfähiger, sondern auch weniger störanfällig. Bis sie einsatzbereit sind, dürfte aber noch einige Zeit vergehen.

Bunte Kleider ohne Farbe

Nach dem Beispiel der Flügel des blauen Morphofalters sind bereits erste Kleiderstoffe entwickelt worden, die ihre Farbe nicht durch Pigmente, sondern durch den physikalischen „Trick" des Morphofalters erhalten. Der große Vorteil dieser Textilien besteht darin, dass die Farben in der Sonne nicht ausbleichen und nach häufigem Waschen ihre Leuchtkraft nicht verlieren.

Morphofalter werden wegen ihrer einzigartigen Flügel noch immer gejagt. Daher zählt der Schmetterling mittlerweile zu den akut vom Aussterben bedrohten Tierarten.

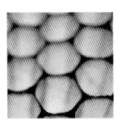

Erst rund, dann eckig: Leichtbau mit Kristallen
Bienenwabe

Bienen gehören zu den Tieren, die die Fantasie der Menschen seit jeher beflügeln. Während die Philosophen schon vor Jahrtausenden der Frage nachgingen, wie der „Bienenstaat" organisiert ist, waren Naturwissenschaftler seit jeher von der Baukunst der Bienen beeindruckt.

Stabile Konstruktion

Lange beschäftigten sich Biologen intensiv mit der Frage, wie Bienen ihre Waben bauen. Schließlich ist es nicht ganz einfach, eine derartige Struktur zu konstruieren: Bienenwaben sind sechseckig, wobei die Seitenteile aus sechs Y-förmigen Verbindungen zusammengesetzt sind. Die Winkel zwischen den Strahlen, die die Y-Form ergeben, betragen immer genau 120 Grad. Die Waben sind so aufgebaut, dass jede Wabe mit der gesamten Wabenstruktur verbunden ist, denn jede Wand einer Wabe dient auch einer Nachbarwabe als Wand. Diese doppelte Nutzung sorgt für eine äußerst stabile Struktur, ohne dass dabei viel Gewicht anfällt. Welche Rolle Bienen beim Bau der Waben spielen, hat die BEEgroup vom Biozentrum der Universität Würzburg genau untersucht und dabei eine überraschende Entdeckung gemacht. Bienenwaben sind zu Beginn rund. Erst wenn eine weitere Biene hinzukommt und das Wachs auf rund 45 °C erwärmt, formt sich aus dem Röhrchen eine sechseckige Wabe, und zwar ohne dass die Biene das Wachs modelliert.

Rissfrei dank Vibrationen

Dass sechseckige Konstruktionen stabil und leicht sind, ist für Ingenieure nichts Neues. Die Wabenstruktur wird bereits in vielen Bereichen eingesetzt, wo Leichtbaukonstruktionen von Vorteil sind, z. B. in der Luftfahrt oder in der Architektur. Neu ist jedoch die Methode der Bienen, um ihre Röhrchen zu Waben auszuformen. Dies geschieht mithilfe von Vibrationen und einer bestimmten Temperatur.

Waschmaschine nach Bienenart
In Zusammenarbeit mit der Technischen Fachhochschule Berlin hat die Firma Miele eine Waschmaschine und einen Wäschetrockner mit Trommeln in Wabenstruktur entwickelt. Sie führen sowohl beim Waschen als auch beim Trocknen zu besseren Ergebnissen: Die Wäsche wird trotz der hohen Schleuderzahl von 1800 U/min geschont und beim Trocknen schweben die Wäschestücke länger im Luftstrom und werden sanft aufgefangen.

Sobald eine Wabe in Schwingung gebracht ist, wird die Schwingung gleichmäßig durch die Struktur geleitet. Eine der neuesten Entwicklungen auf der Basis der Bienenwabentechnologie sind elektrisch aktivierbare, hochverformbare piezoelektrische Keramiken, wie sie Forscher des Deutschen Zentrums für Luft- und Raumfahrt (DLR) in Braunschweig entwickelt haben. Wie Bienenwachs nehmen auch Zellen von Piezokristallen bei einer bestimmten Temperatur eine sechseckige Struktur an. Ein Anwendungsbeispiel sind z. B. Handys: Dank dieser Technik kommt der Vibrationsakku mit minimalen Schwingungsreizen aus. Zugleich reduziert die Wabenstruktur das Gewicht. Das Verfahren zur Erstellung von Waben eignet sich nicht nur für Piezokristalle, sondern auch für andere Werkstoffe wie Stahl. Das Material kann bei einer bestimmten Temperatur die Wabenstruktur selbst ausformen und es entstehen keine Risse. Waben, die auf diese Weise erstellt wurden, sind stabiler und halten länger.

Eine Detailaufnahme einer Honigwabe enthüllt die perfekte Anordnung der Kammern. Das Wachs für die Wabenkonstruktion entsteht in Drüsen, die die Bienen an den hinteren Bauchschuppen haben.

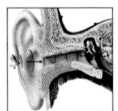

Einfacher Aufbau, erstaunliches Hörvermögen
Fliege Ormia ochracea

Den Larven der rund zwei Zentimeter großen Schmarotzerfliege *Ormia ochracea* dienen lebende männliche Grillen als Wirt. Während die Brut heranwächst, verspeist sie ihren Wirt. Den Weg zum Wirtstier weist den Fliegen ihr erstklassiges Gehör. Bioniker wollen nach seinem Vorbild neuartige Hörgeräte entwickeln.

Scharfe Fliegenohren

Dass die Fliegen die Grillen mithilfe ihres Gehörs auswählen, ist durchaus bemerkenswert, schließlich können die meisten Fliegen gar nicht hören, geschweige denn eine einzelne Grille exakt orten. Um ihr „Opfer" zu finden, reicht es nicht aus, dass die Schmarotzerfliege Geräusche wahrnehmen kann. Sie muss zugleich in der Lage sein, die exakte Richtung,

aus der ein Geräusch kommt, zu bestimmen. Mit einer Ortungsgenauigkeit von nur 2 Grad schlägt die Fliege alle Rekorde in Sachen Hörgenauigkeit. „Bisher dachten wir, der Mensch sei der Weltrekordler in Sachen Schallortung", meint Ron R. Hoy, der mit Kollegen der Cornell University die Schmarotzerfliege und ihr phänomenales Gehör erforscht, „aber Ormia-Ohren liegen zwar nur einen halben Millimeter auseinander, aber sie haben einen Weg entwickelt, den Schall besser zu orten als alle anderen Tiere." Bislang war man davon ausgegangen, dass eine Richtungsortung bei Hörorganen, die so dicht nebeneinander angeordnet sind, gar nicht oder nur mit großer Ungenauigkeit möglich ist.

Neuartige Hörgeräte

Wie gelingt es der Schmarotzerfliege, das Wirtstier so exakt zu orten? Die beiden Ohren des Insekts befinden sich direkt hinter dem Kopf frontal auf dem Brustkorb. Jedes Ohr verfügt über eine dünnhäutige Membran als Trommelfell. Die beiden Trommelfelle der Ormia-Fliege sind – im Gegensatz zu den meisten anderen Lebewesen – durch eine hautähnliche Struktur miteinander verbunden. Hinter dieser Struktur befinden sich die eigentlichen Hörorgane. Sie enthalten nur je-

weils 90 bis 100 Nervenzellen. Der Mensch besitzt im Vergleich dazu mehrere Tausend und hört trotzdem nicht besser! Das Trommelfell der Fliege wird durch den Schall mechanisch verformt. So aktiviert es die Nervenzellen, die den Impuls an den Hörnerv weitergeben.

Die Richtungsortung funktioniert nach einem einfachen Prinzip: Das Ohr, das der Schallquelle am nächsten gelegen ist, reagiert auf den Reiz deutlich energischer. So erkennt die Fliege, woher das Geräusch kommt und „weiß", in welche Richtung sie sich wenden muss. Das funktioniert nicht nur sehr präzise, sondern auch enorm schnell: Fliegen reagieren ungefähr 1000-mal schneller auf einen akustischen Reiz als Menschen.

Die Wissenschaft hat aus dem Beispiel der Fliege *Ormia ochracea* gelernt, dass ein Hörorgan, das vergleichsweise einfacher aufgebaut ist, erstaunlich gute Hörergebnisse liefern kann. Man hofft nun, dass man auf Basis dieser Erkenntnisse deutlich kleinere und auch preiswertere Hörgeräte entwickeln kann. Die Geräte sollen ihre Träger in die Lage versetzen, in einer lauten Umgebung den Hintergrundlärm herauszufiltern. Es gibt zwar bereits digitale Hörgeräte mit dieser Eigenschaft, sie sind allerdings noch sehr kostenintensiv.

Nanomikrophon fürs Ohr
Gängige digitale Hörgeräte verwenden heutzutage meist zwei Mikrophone, ein nach vorn und ein nach hinten gerichtetes Mikrophon, um ihren Träger in die Lage zu versetzen, eine Geräuschquelle genau zu lokalisieren. Die Wissenschaft versucht nun, diese Fähigkeit mit nur einem Mikrophon, das sich modernster Nanotechnologie bedient, zu erreichen.

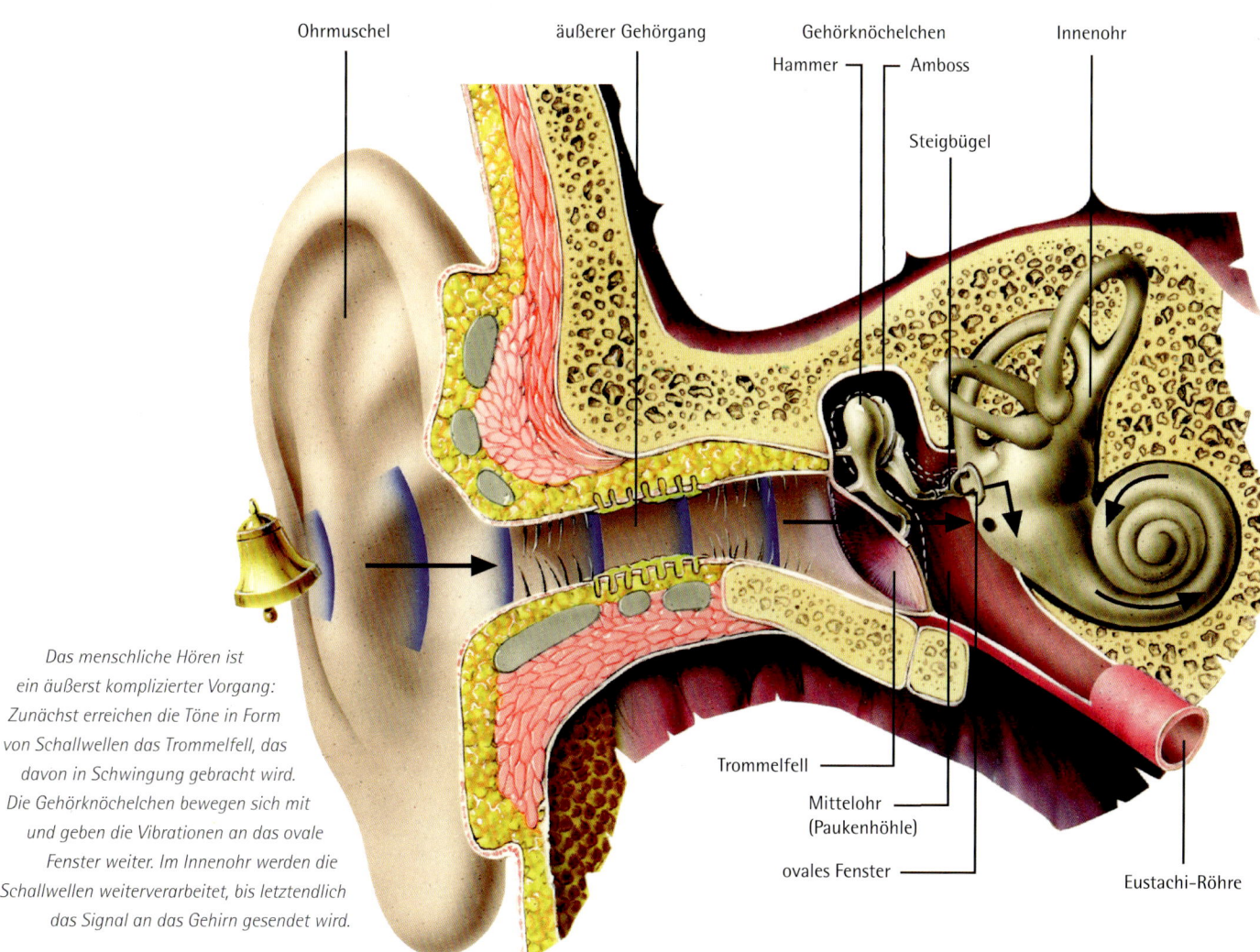

Ohrmuschel

äußerer Gehörgang

Gehörknöchelchen

Hammer — Amboss

Innenohr

Steigbügel

Das menschliche Hören ist
ein äußerst komplizierter Vorgang:
Zunächst erreichen die Töne in Form
von Schallwellen das Trommelfell, das
davon in Schwingung gebracht wird.
Die Gehörknöchelchen bewegen sich mit
und geben die Vibrationen an das ovale
Fenster weiter. Im Innenohr werden die
Schallwellen weiterverarbeitet, bis letztendlich
das Signal an das Gehirn gesendet wird.

Trommelfell

Mittelohr
(Paukenhöhle)

ovales Fenster

Eustachi-Röhre

Kratzfeste und reibungsarme Oberflächen dank Nanotechnik

Haut des Sandfisches

Der Sandfisch verdankt seinen Namen der Art und Weise, wie er sich bewegt. Nahezu mühelos „schwimmt" und taucht die Echse durch den Sand, ohne dabei einen einzigen Kratzer abzubekommen.

Energiesparende Fortbewegung

Dass Ingo Rechenberg (* 1934) von der TU Berlin, Fachgebiet Bionik und Evolutionstechnik, überhaupt auf den Sandfisch aufmerksam wurde, beruht auf einem Zufall: Während seiner Reisen in die Sahara, um Wasserstoff erzeugende Bakterien zu untersuchen, stieß er immer wieder auf das eigenwillige Tier. Doch erst knapp 20 Jahre nach seinem ersten Aufenthalt erkannte er die Besonderheit dieses Tieres. Wenn der Sandfisch so leicht durch den Sand gleitet, kann man davon ausgehen, dass er sehr wenig Energie dazu aufwenden muss. 2000 reiste Rechenberg erneut nach Marokko, um dort nun den Sandfisch vor Ort genau zu untersuchen. Dabei ging es vor allem um seine Schuppen. Da das Schwimmen im Sand bei Weitem anstrengender ist als im Wasser, müssen die Schuppen außergewöhnlich reibungsarm sein. Bei den Untersuchungen wurde die Haut des Sandfisches mit Sand bestreut und gemessen, bei welchem Winkel der Sand anfängt wegzurutschen und wann der Fluss ins Stocken gerät. Dies ist bei erst 20 Grad Neigung der Fall; bei 26 Grad bleibt der Sand auf der Echse liegen. Parallel zu den Versuchen am Tier wurden dieselben Experimente auch auf anderen, sehr glatten Materialien wie poliertem Edelstahl und Teflon durchgeführt. Das Ergebnis war mehr als überraschend: Es stellte sich heraus, dass der Sand auf der Haut des Sandfisches am besten abwärtsrutscht. Doch die Frage, warum die Haut des Sandfisches selbst am Bauch immer völlig intakt ist, war noch nicht gelöst.

Kratzfest und hart

Zurück im Forschungszentrum in Berlin kam man dem Rätsel schnell auf die Spur: Unter dem Lichtmikroskop entdeckten die Forscher, dass sich auf den Schuppen des Sandfisches winzige Grate, die quer zur Bewegungsrichtung verlaufen, befinden. Diese Grate sorgen für den geringen Reibungswiderstand. Die Härte und Kratzfestigkeit haben die Schuppen winzigen Siliziumeinlagerungen zu verdanken, die nur wenige Nanometer groß sind. Das allein erklärt aber noch nicht, warum der Sandfisch so mühelos durch den Sand gleitet. Die Forscher vermuten, dass sich das Tier durch die Reibung elektrisch auflädt. Gleichzeitig wird die Ladung mithilfe der Grate wieder abgestreift. Bislang gibt es noch keine konkreten Anwendungen nach dem Vorbild der Sandfischhaut. Die Wissenschaftler gehen davon aus, dass der Maschinenbau, wo reibungsfreies Gleiten oberstes Ziel ist, ein wichtiges Anwendungsgebiet sein wird. In der Oberflächentechnik könnten Lacke nach Sandfischart entwickelt werden; auch kratzfeste Touchscreens, Gleitflächen für Sandboards u. v. m. gehören zum Ideenpool der Forscher.

> **Preisgekrönte Forschungsarbeit**
>
> *Das Team um Ingo Rechenberg war unter den Siegern beim Wettbewerb „Bionik – Innovationen aus der Natur", der vom Bundesministerium für Bildung und Forschung ausgeschrieben wurde. Das Preisgeld von 200 000 Euro setzen die Wissenschaftler dazu ein, Produkte zu entwickeln, die auf der Sandfischhaut beruhen. Bis zur Marktreife wird aber noch einige Zeit vergehen.*

Der Sandfisch ist eine Glattechsenart und in der Lage, sich nur mit geringster Energieaufwendung im Sand fortzubewegen. So kann er bei Gefahr blitzschnell die Flucht ergreifen.

Wundheilung aus der Sprühdose
Chitin aus Insektenpanzern

Die meisten Insekten nutzen Chitin als Material für ihren Panzer bzw. ihr Außenskelett. Wie vielseitig dieser Stoff ist, hat sich erst in den letzten Jahren gezeigt. Derzeit gibt es erste Anwendungen in der Medizin.

Vom Insektenpanzer zum Chitosan
Allein in der Tier- und Pflanzenwelt kommt der Stoff Chitin in vielen unterschiedlichen „Ausführungen" vor. Das Besondere ist, dass Chitin durch diverse An- und Einlagerungen sowie Aushärtungsvorgänge, etwa wenn beim Schlüpfen der Insektenpanzer zuerst weich und erst langsam hart wird, sehr unterschiedliche chemische und mechanische Eigenschaften annehmen kann. Die Tatsache, dass der Stoff auf kleinsten Raum diese verschiedenen Ausprägungen annehmen kann, macht ihn zu einer Art „Wundermaterial". So besteht beispielsweise die Speichelpumpe einer Wanze, die nur wenige Hundertstelmillimeter groß ist, aus Chitin. Damit die Speichelpumpe richtig arbeiten kann, wechseln die Eigenschaften des Materials auf kleinstem Raum. Trotzdem handelt es sich bei der Speichelpumpe dieser Miniwanze um ein Organ „aus einem Guss". Bereits im Jahr 1859 wurde mit Chitin experimentiert. Durch das Kochen von Insektenpanzern in Kalilauge entdeckte man den neuen Chitosan. Beim Kochen mit Kalilauge oder bei der Behandlung mit bestimmten Enzymen setzt ein chemischer Prozess namens Deacetylierung ein. Je nachdem, wie stark diese Reaktion ausfällt, unterscheidet sich das Endprodukt in seinen Eigenschaften. Da man diesen Vorgang sehr genau steuern kann, lässt sich so Chitosan mit den gewünschten Eigenschaften herstellen.

Chitin und Chitosan für die Medizin
Chitin und Chitosan bieten eine Menge Anwendungsmöglichkeiten, wobei der Schwerpunkt im medizinischen Bereich liegt. Chitin

> ### Weitere Einsatzgebiete
> *Auch außerhalb der Medizin sind verschiedene Anwendungen denkbar. Ummantelt man beispielsweise Textilfaser mit Chitosan, lässt sich damit die Bildung von Bakterien verringern. Das wiederum sorgt für eine deutlich reduzierte Geruchsentwicklung, was besonders bei Sportbekleidung sehr wünschenswert ist. Aufgrund dieser Eigenschaft kann Chitosan wohl auch im Bereich von Luftfiltern und beim Aufbewahren von Lebensmitteln möglicherweise schon bald eingesetzt werden.*

beschleunigt die Wundheilung nachweislich um ca. 30 Prozent. Besonders gut lässt es sich als Sprühpflaster einsetzen. Auch kann man es den Fäden, mit denen Operationswunden vernäht werden, beigeben, um die Wundheilung zu beschleunigen. Bei der Behandlung von Brandwunden könnte sich Chitosan in Zukunft ebenfalls bewähren. Man kann mit Chitosan Wasser absorbierende und sauerstoffdurchlässige Filme bilden, die offene Brandwunden abdecken und später von körpereigenen Enzymen abgebaut werden können.

Einige Versuche haben auch gezeigt, dass Chitosan den Cholesterinspiegel im Blut senken kann. Ob es sich hierbei jedoch um ein neues Wundermittel handelt, ist noch offen. Chitinhaltige Fasern oder Implantate besitzen ebenfalls äußerst günstige Eigenschaften: Denn es besteht nicht die Gefahr, dass sich Thrombosen bilden. Daher gehen Mediziner davon aus, dass es bald künstliche Knochen, Venen, Arterien, Knorpel oder Muskelfasern aus chitinhaltigen Implantaten geben wird.

Der Panzer der Heuschrecke besteht im Wesentlichen aus Chitin und Sklerotin. Chitin ist ein weicher, zelluloseähnlicher Stoff, der den Panzer stoßfest, widerstandsfähig und wasserdicht macht.

Verankerung für Elektroden im Gehirn
Seegurke

Seegurken, die mit Seeigeln und Seesternen verwandt sind, leben in der Tiefsee und ernähren sich vor allem von abgestorbenem organischem Material. Ihre stachelige Haut hat Bioniker zu einer Erfindung inspiriert, die bei der Therapie von Parkinson- und Schlaganfallpatienten eingesetzt werden soll.

Bei Gefahr: Verhärtung
Die charakteristischen Stacheln auf der Haut sind nicht das Besondere an den Seegurken. Zwar bieten die Stacheln bereits einen gewissen Schutz vor Feinden. Effektiver ist eine ganz andere Abwehrmethode: Werden Sensoren im Gewebe der Seegurken gereizt, dann versteift sich ihre Haut, wobei sich die Elastizität um den Faktor zehn verändern kann. Diese Reaktion beruht darauf, dass starre Proteinfasern in das weiche Bindegewebe der Seegurken eingebettet sind. Bei Gefahr schüttet das Nervensystem Botenstoffe aus, die dafür sorgen, dass die Proteinstränge feste Bindungen miteinander eingehen, sich also zu einem starren Netz zusammenschließen. Wenn die Gefahr vorüber ist, schütten andere Zellen Weichmacherproteine aus, die diese Bindungen wieder lösen.

Neuartiger Kunststoff
Forschern der Case-Western-Reserve-Universität in Cleveland ist es gelungen, nach dem Vorbild der Seegurken einen Kunststoff herzustellen, der seine Härte nach Bedarf verändern kann. Wenn man diesen Kunststoff in ein wasserbasiertes Lösungsmittel eintaucht, wird er weich und flexibel. Sobald jedoch das Lösungsmittel verdunstet, härtet der Kunststoff wieder aus und wird fest und stabil. Das Besondere ist, dass dieser Vorgang beliebig oft wiederholt werden kann. Von Vorteil ist auch, dass sich der Kunststoff beim Aufweichen nicht voll Wasser saugt, sein Volumen ist also im trockenen wie im nassen Zustand gleich.

Einen möglichen Einsatzbereich für dieses neuartige Material sehen die Wissenschaftler in der Medizin. Seit einigen Jahren kommen in der Gehirnchirurgie, z. B. bei der Behandlung von Parkinsonkranken und Schlaganfallpatienten, Elektroden, die direkt in das Gehirn eingepflanzt werden, zum Einsatz. Die Wirkung dieser Implantate lässt allerdings häufig innerhalb weniger Monate nach. Ein Grund dafür könnte sein, dass das Gehirn die unflexiblen Elektroden in festes Narbengewebe einspinnt. Ein weiterer Nachteil ist, dass die starren Elektroden das Gewebe im Gehirn beschädigen können. Mit flexiblen Elektroden würde dies, so hofft man, nicht so schnell geschehen. Hinzu kommt, dass man Hirnaktivitäten über einen langen Zeitraum aufzeichnen und das Krankheitsbild besser untersuchen kann. Der neuartige Kunststoff nach dem Vorbild der Seegurkenhaut könnte entscheidend dabei helfen, flexible Elektroden zur Lösung des Problems herzustellen.

Seegurken gelten in fischbaren Gewässern bereits als gefährdete Art. Da die Stachelhäuter in asiatischen Ländern eine Delikatesse sind, gibt es an manchen Stellen wie etwa den Galapagos-Inseln bereits Fangquoten.

Wie der Kunststoff funktioniert
Der neue Kunststoff aus Cleveland besteht aus einer gummiähnlichen Polymermatrix, in die Zellulosenanofasern eingelagert sind. Im trockenen Zustand sind die Zellulosefasern fest verbunden. Wenn das Material mit Wasser in Kontakt kommt, können sich Wassermoleküle an die Bindungsstellen der Zellulosestreifen schieben und die Bindungen aufbrechen, wodurch der Stoff weich wird. Sobald die Feuchtigkeit verdunstet, bildet die Zellulose erneut ein Netz und das Material versteift sich wieder.

Schuppenartige Struktur auf Langlaufskiern
Die Schlangenhaut

Langläufer kommen am besten auf geraden Strecken voran, Schlangen dagegen lieben es, sich in Windungen vorwärtszuschlängeln. So gesehen haben Schlangen mit Langlaufskiern nur wenig gemeinsam. Doch der erste Anschein trügt, wie neue Entwicklungen in der Skiindustrie beweisen.

Guter Vortrieb ohne Zurückrutschen

Auch wenn sich Schlangen winden, um vorwärtszukommen, ist das Prinzip, wie sie sich fortbewegen, mit dem eines Skilangläufers identisch: Beide stoßen sich vom Untergrund ab, wobei der Langläufer seine Arme zu Hilfe nimmt. Nicht so die Schlangen: Ihre Fortbewegungstechnik ist so effizient, dass sie auf Extremitäten ganz verzichten kann. Bei der Fortbewegung geht es u. a. darum, eine möglichst hohe Traktion zu erhalten. Dabei wird die Antriebskraft eines Körpers in Vortrieb und Beschleunigung umgesetzt. Eine gute Traktion sorgt dafür, dass für die Vorwärtsbewegung verhältnismäßig wenig Energie aufgewendet werden muss. Schlangen benutzen verschiedene Techniken bei der Bewegung. Dabei spielen ihre Schuppen, die ihren gesamten Körper bedecken, eine wichtige Rolle. Die Schuppen bestehen aus hornigem Material, das dem der Fingernägel sehr ähnlich ist; sie sind auf dem ganzen Körper in regelmäßigen Reihen angeordnet, wobei sie sich dachziegelartig überlappen. Jede einzelne Schuppe ist wiederum von winzig kleinen Schuppen bedeckt. Auf diese Weise kann die Schlange sehr gut vorwärtskriechen, denn es gibt keine Angriffspunkte, die sie am Dahingleiten hindern könnten. Das Problem des Zurückgleitens kennt die Schlange nicht, da sich ihre Schuppen aufrichten, wenn die Schlange zurückzurutschen droht. Darüber hinaus bietet die überlappende Bauweise genügend Angriffsflächen für Unebenheiten, an denen sich das Reptil „festhalten" kann.

Stichwort Strukturbionik

Die Strukturbionik befasst sich mit dem Aufbau und der Struktur verschiedenster Gebilde in der Natur. Dabei wird ihre Entstehung und das Material ebenso in Betracht gezogen wie ihre Funktion. Ein erstes Anwendungsbeispiel sind Dächer, die nach dem Vorbild von Schalen bestimmter Kieselalgenarten geformt wurden. Mit diesen sehr filigranen und dennoch stabilen Konstruktionen, die der Form einer Halbkugel ähneln, lassen sich größere Flächen, z. B. Schwimmhallen, sehr gut überdachen.

Paradebeispiel der Strukturbionik

Langlaufskier müssen genau dieselben Anforderungen erfüllen wie die Schlangenhaut – einen guten Vortrieb ermöglichen und das Zurückrutschen nach dem Abstoßen und auf steilen Anstiegen verhindern. Das ideale Vorbild für einen Langlaufskibelag nach Schlangenart ist die Schlange *Leimadorphys*, die im tropischen Regenwald Brasiliens heimisch ist. Sie lebt auf einem weichen Untergrund und ist in ihrer Vorwärtsbewegung sehr gut daran angepasst, indem sie sich mithilfe speziell angeordneter Muskeln nach vorn schiebt. Drei Biologen des Musée d'Histoire in Paris meldeten ein Patent auf sogenannte richtungsabhängige Reibungsgeneratoren an. Sie verkauften es an einen Skihersteller, der daraufhin Anti-Rutsch-Klebefolien für Langlaufski entwickelte. Mit der neuen Schlangenhautbeschichtung konnte vor allem das Zurückrutschen der Skier am Berg sehr gut gemindert werden, wobei der Vorwärtsantrieb nicht beeinträchtigt ist. Auf diese Weise spart der Sportler wertvolle Energie und kommt insgesamt deutlich schneller voran bzw. kann weitere Strecken mit derselben Energiemenge zurücklegen. Diese „Erfindung" gilt als besonders anschauliches und wirkungsvolles Beispiel in der Strukturbionik.

Eine gehörnte Klapperschlange hinterlässt ihre
Spuren im Sand. Wie alle Schlangenarten bewegt
sie sich durch Schlängeln fort, indem sie sich
vom Untergrund seitlich abstößt und immer
zuerst mit dem Vortrieb ihres vorderen Körperteils
arbeitet. Die Technik des Langläufers im
Skisport verläuft ganz ähnlich, weshalb sich
hier die Forschung um eine Verbesserung der
Gleitfähigkeit an der Schlange orientiert hat.

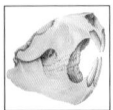

Rattenscharf – selbstschärfende Messer
Rattenzähne

Messer müssen immer wieder nachgeschliffen werden. Die Traumlösung wären daher sich selbst schleifende Messer. Inzwischen sind bereits solche Modelle entwickelt worden. Ausgerechnet eines der unbeliebtesten Nagetiere steht für diese Neuentwicklung Pate.

Gebiss ohne Verschleiß

Schnell abstumpfende Messer sind nicht nur im Haushalt ein Ärgernis, sie führen in der industriellen Produktion zu erheblich hohen Ausfallzeiten. In Schneidemühlen, mit deren Hilfe man Granulate zur Kunststoffherstellung gewinnt, müssen die Maschinen alle paar Stunden ausgeschaltet werden, damit man die stumpf gewordenen Messer ausbauen und schleifen kann. Solche Unterbrechungen sind für das Unternehmen ein sehr hoher Kostenfaktor, weshalb dauerhaft scharfe Messer enorme Vorteile bieten würden. Die Natur liefert mit dem Gebiss von Nagetieren, insbesondere von Ratten, eine mehr als vielversprechende Vorlage für das Problem.

Ratten sind für ihr enorm scharfes Gebiss bekannt. Sie zernagen nicht nur Holz, selbst Metall und sogar Beton können ihre Zähne knacken. Dass die Zähne bei dieser enormen Beanspruchung nicht abnutzen, ist mehr als erstaunlich. Den Schlüssel dazu liefert der

Aufbau des Gebisses: Anders als beim Menschen sind Rattenzähne nicht komplett von Zahnschmelz überzogen. Nur an ihrer Vorderseite besitzen sie eine hufeisenförmige, sehr dünne und harte Schmelzlamelle. Dahinter befindet sich das weiche Zahnbein, welches die Zähne stabilisiert. Es liefert zugleich die Antwort auf die Frage, wie Ratten es anstellen, ihre Zähne stets messerscharf zu halten. Wenn die Tierchen nagen, wird hinten ein wenig vom Zahnbein abgerieben, sodass vorn immer eine scharfe Schneidekante übrig bleibt. Da die Schneidezähne einer Ratte permanent wachsen – etwa pro Monat ungefähr einen Zentimeter –, kann es auch nicht passieren, dass die Zähne von dem Abrieb beim Nagen vollkommen abgenutzt werden.

Küchenmesser aus Keramik

In letzter Zeit erfreuen sich besonders in der Küche Keramikmesser großer Beliebtheit. Sie sind extrem scharf und hart und nutzen daher sehr wenig ab. Allerdings haben diese Werkzeuge gegenüber herkömmlichen Messern den entscheidenden Nachteil, dass sie recht leicht absplittern. Hacken, schlagen, hebeln und schaben kann man mit ihnen daher nicht.

Messer nach Rattenart

Fast exakt wie ihre natürlichen Vorbilder im Nagetiermaul funktionieren Messer, die am Fraunhofer-Institut für Umwelt-, Sicherheits- und Energietechnik (UMSICHT) entwickelt wurden.

Dort, wo die Ratte ihren „weichen" Zahnschmelz hat, bestehen die neuartigen Messer aus einem Hartmetall, einer Legierung aus Wolframcarbid und Kobalt. Die Außenseite dieses „Kerns" ist gewölbt und mit einer extrem harten Schicht überzogen. Dabei handelt es sich um eine mehrlagige Keramikschicht, die im Wesentlichen aus Titannitrid besteht und durch Nanowerkstoffe verstärkt wird.

„Im Gegensatz zu bisherigen Schneidewerkzeugen sieht das Konzept der UMSICHT-Abteilung extrem standfeste Messer vor, die nie stumpf werden. Allerdings können diese Messer nicht alle Vorteile der Rattenzähne kopieren, sie wachsen nämlich nicht nach. Jedoch muss man die Messer erst dann auswechseln, wenn die Messer so gut wie nicht mehr da sind. Immerhin ist das Auswechseln dieser neuartigen Messer sehr viel preiswerter, als wenn man herkömmliche Messer laufend nachschärft und letztendlich auch ersetzen muss.

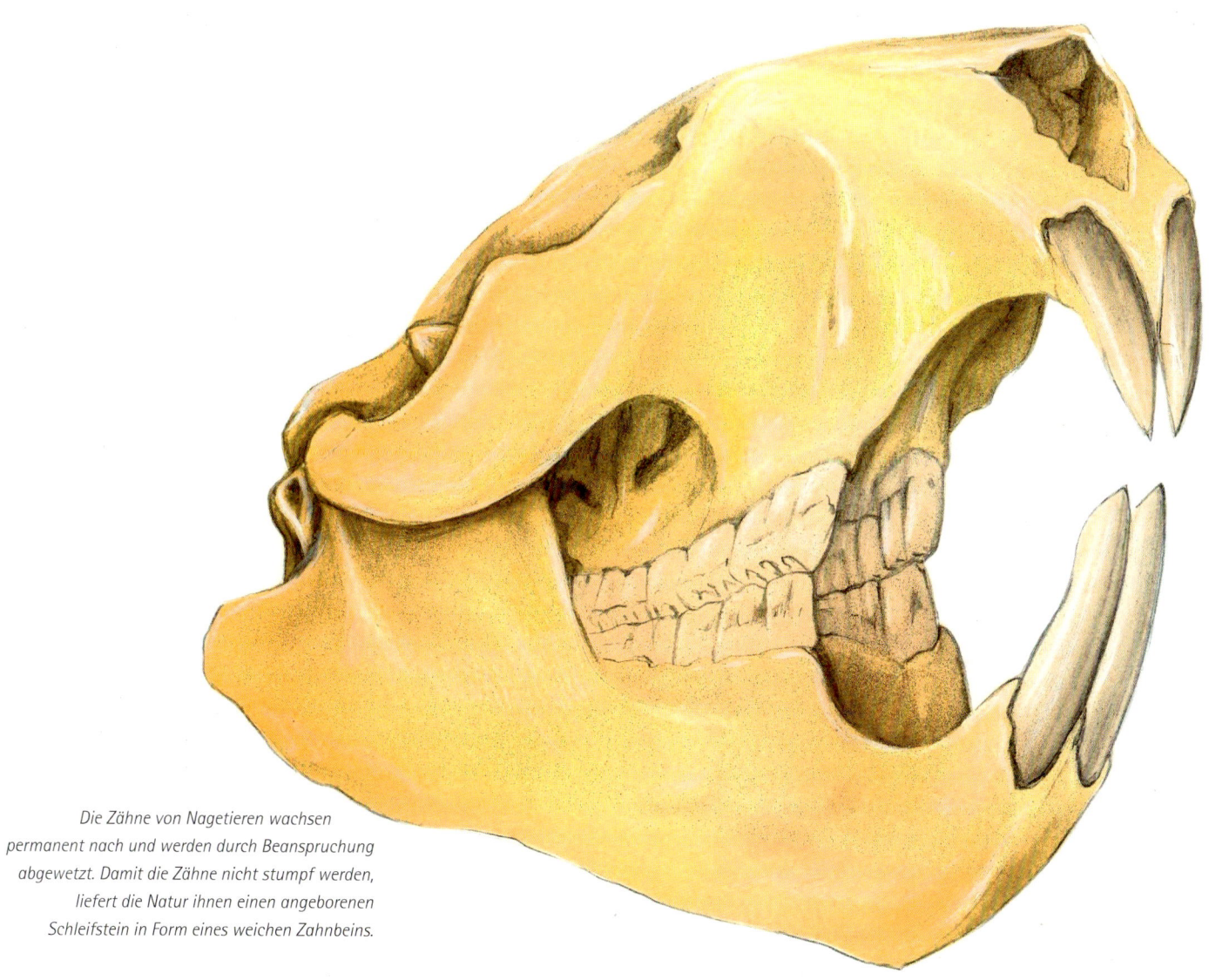

Die Zähne von Nagetieren wachsen permanent nach und werden durch Beanspruchung abgewetzt. Damit die Zähne nicht stumpf werden, liefert die Natur ihnen einen angeborenen Schleifstein in Form eines weichen Zahnbeins.

Nebelnetze sorgen für Wassergewinnung in der Wüste
Der Nebeltrinker-Käfer

Immerwährendes Problem in Wüstenregionen ist eine ausreichende Wasserversorgung. Pflanzen und Tiere haben spezielle Strategien entwickelt, um Wasser aufzunehmen und zu speichern. Einen ganz speziellen Lösungsansatz liefert dabei ein kleiner schwarzer Käfer, nach dessen Vorbild bereits vor rund 20 Jahren bionische Methoden zur Wassergewinnung entwickelt wurden.

Nebel als Wasserlieferant

Der in der Namib-Wüste im Westen Namibias beheimatete Nebeltrinker-Käfer (*Onymacris unguicularis*) aus der Familie der Schwarzkäfer ist einer der geschicktesten Überlebenskünstler der Wüste. Wasser ist in der Namib,

Preisgekrönte Idee
2005 wurde der Organisation „FogQuest" der Internationale Hundertwasser-Preis verliehen. Ihre Arbeit, die dafür sorgt, durch die Errichtung von Nebelnetzen die Bevölkerung in abgelegenen, regenarmen Gebieten mit Wasser in Trinkqualität zu versorgen, unterstützt die Entwicklung im ländlichen Raum, beugt der Abwanderung in große Städte und dem Abdriften der Bevölkerung in Slums vor.

einer der heißesten und trockensten Regionen der Erde, nur in Form von Nebel verfügbar, der an durchschnittlich sechs Tagen im Monat vom Atlantik ins Landesinnere weht. Während dieser Nebel vom Atlantik die Dünen heraufzieht, stellt sich der Nebeltrinker-Käfer schräg zum Wind, sodass seine Flügeldecken, die wie kleine Segel wirken, möglichst viel Wind und vor allem Feuchtigkeit auffangen können. Die Flügeloberfläche ist mit zahlreichen kleinen Noppen bedeckt, an denen sich die aufsteigende Feuchtigkeit des Nebels sammelt.

Netze, Zelte und Dächer

Als erste Institution hat sich FogQuest, eine gemeinnützige Organisation mit Sitz in Kanada, der Wassergewinnungstechnik des kleinen Wüstenkäfers angenommen und mit ihrer Hilfe spezielle Netzsysteme entwickelt, mit denen Nebelwasser gesammelt werden könnte. Diese Netzprototypen wurden erstmals im Jahr 1992 in Chungungo (Chile) am Rand der Atacama-Wüste eingesetzt. Die Wassertropfen, die an den Netzmaschen kondensieren, werden hierbei in einem großen Becken aufgefangen und durch Wasserleitungen zu den Verbrauchern transportiert – ein ebenso einfaches wie wirkungsvolles und sogar kostengünstiges System.

In Chungungo wurden 88 „Nebel-Fangnetze" errichtet, die jeden Bewohner des Dorfes täglich mit rund 30 Liter Wasser versorgten. Insgesamt lieferte das System im Durchschnitt 15 000 Liter Wasser pro Tag. Inzwischen existiert die Anlage in Chungungo jedoch nicht mehr und die Gemeinde wird heute mit einer Pipeline versorgt. Der Grund: Man hatte das starke Bevölkerungswachstum durch den Erfolg des Netzprojekts nicht genügend in die Planung mit einbezogen. Dennoch ist diese Methode ein Wassergewinnungsprojekt mit Zukunft: Im Jahr 2003 gab es in 25 Ländern, darunter im Jemen, in Guatemala, auf Haiti und in Nepal, bereits vorbereitende Studien oder vollendete Projekte zu verzeichnen.
Die neueste Entwicklung: Wissenschafter vom MIT (Massachusetts Institute of Technology) haben nach dem Vorbild der Flügeldecken des Nebeltrinker-Käfers eine Noppenoberfläche für Zelte und Dächer entwickelt, die siebenmal mehr Wasser als die Netztechnik sammeln kann.

Wenn der Nebeltrinker-Käfer seinen Hinterkörper aufrichtet, rinnt das Wasser, das sich an seinem Panzer gesammelt hat, in Richtung Mundöffnung und versorgt ihn so mit lebenswichtiger Flüssigkeit.

Neuartige Materialien reparieren sich selbst
Wundheilung bei Pflanzen und Tieren

In der Natur ist es nicht vorgesehen, dass Tiere oder Pflanzen bei Verletzungen versorgt werden – hier muss sich selbst geholfen werden. Daher haben viele Organismen Selbstheilungsmechanismen entwickelt, die in der Technik für die Entwicklung von Produktinnovation genutzt werden.

Selbstheilungsstrategie der Liane
Lianen besitzen zur Stabilisierung sogenannte Festigungsringe, die aus verholzten Zellen bestehen. Diese Festigungsringe reißen immer wieder auf, während die Pflanze heranwächst. Um möglichst schnell die benötigte Stabilität zurückzugewinnen, müssen sich die Risse rasch wieder schließen. Diese Selbstheilung übernehmen Zellen aus der direkten Nachbarschaft der Wunde. Dazu werden Zellen des

---

Selbstreparaturtechnik von heute
Selbstreparierende Reifen gibt es bereits. Sie verfügen zumeist über eine elastische Schicht innerhalb des Reifens, die, wenn ein Nagel eindringt, nach innen nachgibt. Entfernt man den Nagel wieder, legt sich diese innere Schicht vor das Loch im äußeren Reifen und dichtet es auf diese Weise sicher ab.

---

sogenannten Parenchyms – das ist ein „Grundgewebe" der Pflanze – herangezogen. Diese Zellen dringen zunächst einfach rein physikalisch in den Riss ein und füllen ihn aus. Durch ihren eigenen Innendruck beginnen diese Zellen aufzuquellen und schmiegen sich nahtlos an die Risswände an. Auf diese Weise kann die Liane ihre Wunde vollkommen „dicht" verschließen. Erst, nachdem der Riss von Zellen aufgefüllt ist, beginnen die Zellen nicht nur ihre Gestalt, sondern auch ihre Beschaffenheit zu verändern. Sie härten aus und versteifen sich, um dem Festigungsring wieder zur alten Stabilität zu verhelfen.

Wichtig für die technische Umsetzung dieses natürlichen Heilverfahrens ist die Tatsache, dass die erste Phase der Reparatur ausschließlich durch physikalische und chemische Prozesse erfolgt. Genau diesen Prozessen hat sich ein Team von Wissenschaftlern an der Universität Freiburg angenommen. Im Labor ist es bereits gelungen, einen solchen Prozess technisch in Gang zu setzen. Dabei verhindert der Selbstreparatureffekt bei Membranen, die mit Polyesterschäumen beschichtet sind, dass der Druck nachlässt, wenn die Membran verletzt wird. Im großen Stil könnte diese Technik in der pneumatischen Architektur eingesetzt werden. Bei diesen Bauten werden tragende

Teile des Bauwerks mit Luft gefüllt – sie dienen also der Stabilität und dürfen eigentlich keinen Schaden erleiden (siehe Seite 186). Im kleineren Rahmen könnte diese Technik auch bei Reifen, Luftmatratzen oder Schlauchbooten sehr gut eingesetzt werden.

Wundheilung aus dem Meer
Seit einiger Zeit richten Forscher ihren Blick verstärkt auf das Meer, wenn es um Heilungsprozesse in der Natur geht. So fanden sie beispielsweise heraus, dass der Kleber, den Muscheln verwenden, um sich an Muschelbänke oder Schiffsrümpfe anzuheften, sich hervorragend eignet, um Wunden zu verschließen. Klebetechniken, auf Wunden angewandt, haben den Vorteil, dass man auf Nähte und chemische Substanzen, die die Wunde verschließen, verzichten kann. Auf Algenbasis kann man eine Salbe herstellen, die die Haut schont und das Wachstum von Bakterien hemmt. Derartige Salben könnten dazu beitragen, die Verbreitung mehrfach resistenter Bakterien in Krankenhäusern zu vermeiden.

Die Grafik erklärt die natürliche Klebkraft der Miesmuschel und ihren möglichen Einsatz als Wundverschluss-Salbe bei medizinischen Einsätzen.

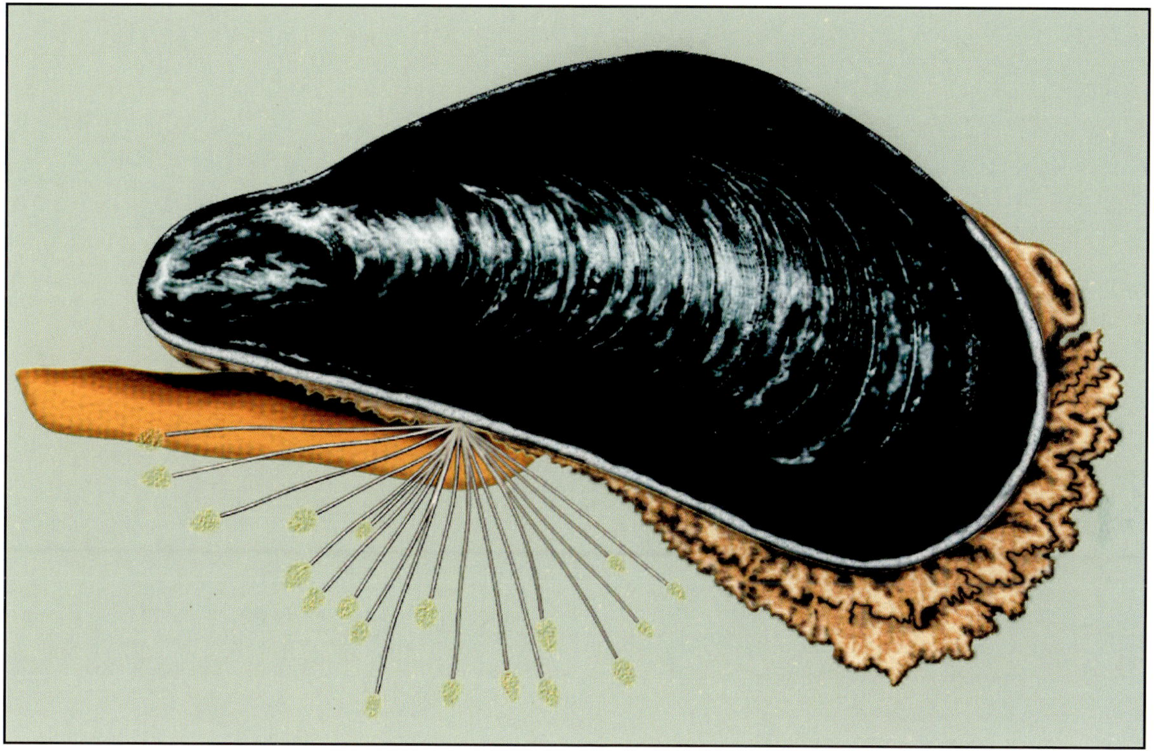

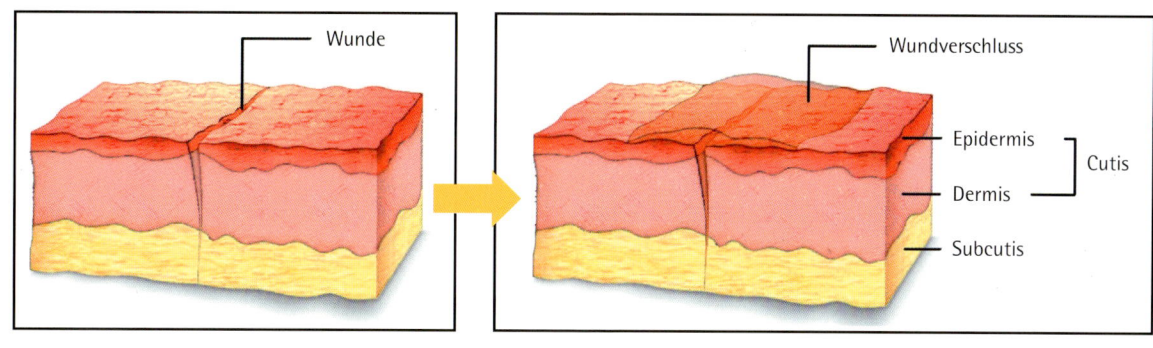

Wunde	Wundverschluss
	Epidermis ⎤
	⎬ Cutis
	Dermis ⎦
	Subcutis

Biometrische Frostschutzlacke gegen Stromausfall

Frostschutzproteine in Lebewesen

Es ist eiskalt, der Boden ist tief gefroren. Dennoch gelingt es einigen Tieren zu überleben. Obwohl ihr Körper zu einem hohen Prozentsatz aus Wasser besteht, können sie verhindern, dass sie im wahrsten Sinn des Wortes erfrieren. Diese Eigenschaft hat Bionikforscher dazu inspiriert, „natürliche" Frostschutzmittel zu entwickeln.

Den Gefrierpunkt selbst bestimmen

Was uns im Sommer, speziell bei hohen Temperaturen, Freude bereitet, kann im Winter bisweilen zu sehr unangenehmen und auch gefährlichen Situationen führen – das Eis. Ideal wäre es, wenn man das Wasser dahin gehend verändern könnte, dass man seinen Gefrierpunkt absenkt, und zwar auf Temperaturen, die weit unter 0 °C liegen. Eine Möglichkeit dazu bietet Salz, denn streut man Salz auf Eis, beginnt es zu schmelzen. Doch Salz hat einen großen Nachteil: Es ist ein sehr aggressiver Stoff, der Materialien angreift und der Umwelt auf Dauer schadet. Einen anderen Weg beschreiten Wissenschaftler vom Fraunhofer-Institut für Fertigungstechnik und Angewandte Materialforschung (IFAM) in Bremen. Sie versuchen, Strategien aus der Natur, die Pflanzen und Tiere vor dem Einfrieren schützen, auf techni-

sche Anwendungen zu übertragen. Wie schafft es beispielsweise die Winterflunder, ein Plattfisch, Temperaturen, die unter dem Gefrierpunkt liegen, zu überleben? Untersuchungen an der Flunder ergaben, dass der Fisch sich mithilfe bestimmter Proteine vor dem Einfrieren schützt. Proteine sind die Grundbausteine aller Zellen. Vielen werden sie unter dem umgangssprachlichen Begriff Eiweiße besser bekannt sein. Zusammengesetzt sind Proteine aus noch kleineren Bausteinen, den Aminosäuren, von denen es etwa 250 verschiedene Arten gibt. Je nachdem, in welcher Kombination sie zusammengesetzt sind, bilden sie unterschiedliche Proteine.

Frostschutz auf Proteinbasis

In einem ersten Schritt mussten die Wissenschaftler des IFAM herausfinden, welche

Proteine bei der Flunder den Frostschutz bewirken und wie sie sich damit vor dem Einfrieren schützt. „Hier wirkt das Schlüssel-Schloss-Prinzip", sagt Dr. Ingo Grunwald (* 1969), Mitglied der Forschergruppe. „Denn Wasser braucht immer kleinste Partikel, um Eiskristalle zu bilden. Die besondere räumliche Struktur der Proteine erlaubt es ihnen, sich gezielt an die bildenden Eiskristalle anzulagern und das weitere Wachstum zu verhindern."

Als dieser Sachverhalt geklärt war, konnte man in Bremen darangehen, aus einzelnen Aminosäuren die Proteine der Flunder im Labor „nachzubauen". Die Proteine wurden so in einen Lack eingebunden, dass sich beim Streichen die Proteine an der Oberfläche anordnen. Damit konnte die Bildung von Eis auf gestrichenen Oberflächen deutlich verzögert werden. Ein solcher neuartiger Frostschutzlack findet sehr viele Anwendungsgebiete. Nicht nur Hochspannungsleitungen können damit vor dem Einfrieren geschützt werden, auch eine Anwendung in der Luftfahrt ist denkbar: Mit einem Frostschutzlack kann das gefährliche Vereisen der Flugzeugtragflächen verhindert werden. Auch Windenergieanlagen oder Rollladenkästen könnten so gut vor eisiger Witterung geschützt werden.

Eine dicke Eisschicht auf Hochspannungsdrähten
kann gefährlich werden: Die Leitungen sind
windanfälliger, sie können brechen oder gar die
Strommasten durch ihr erschwertes Gewicht
umstürzen. Die Befreiung der Drähte ist ein
gefährlicher und aufwendiger Einsatz.
Eine Behandlung mit einem Frostschutzlack
auf Proteinbasis könnte Abhilfe schaffen.

Rüstzeug für Ritter und Raumfahrer
Die Kellerassel

Sie ist klein und hält sich am liebsten im Dunkeln auf – die Kellerassel. Während die meisten Menschen dieses gedrungen wirkende Tier nur wenig schätzen, zählt sie bei Bionikforschern zu den Lebewesen, die Anregungen für neuartige Produktentwicklungen bieten.

Ein Panzer aus sieben Ringen
Die Kellerassel kommt vor allem unter Steinen, in der Streuschicht von Laubwäldern und Gebüschen und, wie der Name schon sagt, auch in vielen Hauskellern und dunklen, feuchten Winkeln vor. Das dunkelgrau bis bräunlich gefärbte Tierchen kann eine Länge von bis zu 20 Milimetern erreichen und ernährt sich von abgestorbenen Biostoffen. Was die Kellerassel für Bioniker so interessant macht, ist ihr Panzer, besser gesagt, ihr Außenskelett. Bei dem Außenskelett der Kellerassel handelt es sich nicht um einen festen Panzer, wie man ihn bei Insekten findet, sondern um eine Konstruktion, die sich aus mehreren Ringen zusammensetzt. Diese Ringe, von denen jede Kellerassel sieben besitzt, sind frei beweglich. Sie ermöglichen es dem Krebstier, sich trotz seiner Panzerung schnell fortzubewegen. Zugleich ist die Kellerassel damit sehr gut geschützt. Genau auf diesen letzten Aspekt kommt es Bionikforschern an.

Schützende Astronautenanzüge
Es gibt viele Situationen, in denen man wie die Kellerassel gut beweglich, wendig und schnell, aber zugleich auch gut geschützt sein muss, z. B. im Kampf. Ritterrüstungen sind ein frühes Beispiel dafür, wie das Bauprinzip der Kellerassel erfolgreich übernommen wurde. Auf der einen Seite verfügen sie über große, manchmal sehr kompliziert geformte Platten, die den Schutz der entsprechenden Körperteile garantieren sollen. Auf der anderen Seite sind diese Platten so miteinander verbunden und angeordnet, dass sich der Ritter, der die Rüstung trägt, noch relativ frei bewegen und schnell reagieren kann. Aber nicht nur die Ritter aus dem Mittelalter waren auf Schutzkleidung angewiesen. Auch in unserer Zeit werden wieder Schutzanzüge, die jedoch äußerlich nur wenig mit den Ritterrüstungen von vor rund 500 Jahren gemeinsam haben, gebraucht.

Ein Beispiel für moderne Schutzkleidung sind Astronautenanzüge: Ohne ihre Raumanzüge könnten Astronauten ihre Raumkapseln und Raumschiffe nicht verlassen. Auch hier sind die Anforderungen an die Schutzkleidung klar definiert: Raumanzüge müssen Astronauten optimal gegen fliegende Objekte im All schützen, sie müssen dicht sein und dürfen die Menschen, die sie tragen, nur sehr wenig in ihrer Beweglichkeit einschränken. Dass diese Aufgabe mithilfe des Vorbildes der Kellerassel und der Ritterrüstungen bereits heute verhältnismäßig gut gelöst ist, beweisen die zahlreichen „Raumspaziergänge", bei denen aufwendige Montage- und Reparaturarbeiten an Weltraumstationen durchgeführt werden.

Weltraumanzüge der Zukunft
Ein herkömmlicher Schutzanzug für Astronauten besteht aus bis zu 20 Schichten, unter anderem einer gasdichten Hülle aus Neopren, kräftigen Textilien und widerstandsfähigen Aramidfasern. Das macht ihn schwer und verhältnismäßig steif. Die NASA entwickelt nun eine neue Generation von Anzügen, die sich stark an Ritterrüstungen orientiert. Bei diesen neuen Raumanzügen werden steife und bruchfeste Kunststoffteile über Gelenke miteinander verbunden.

Obwohl die Kellerassel ein eher unangenehmer Hausbewohner ist, staunen Bioniker über ihren Außenpanzer: Er schützt das Tier optimal und lässt trotzdem freies Bewegen zu.

Elektrosensoren – eine Technik mit Zukunft
Zitteraal und Nilhecht

Tiere haben unterschiedliche Methoden entwickelt, um sich gegen Angreifer zu wehren. Manchen hilft es bereits, wenn sich ihre Körperform und -farbe der Umgebung anpassen. Andere greifen zu sehr gefährlichen Mitteln, wie Zitteraale und Nilhechte, die sich mithilfe von Elektrizität Sicherheit verschaffen und Beute fangen.

Mit Elektrizität orientieren

Zitteraale und Nilhechte haben nur sehr schlechte Augen, wobei der Zitteraal sozusagen unter „grauem Star" leidet. Ein derart großer Nachteil wird in der Natur jedoch in der Regel durch eine andere nützliche Fähigkeit ausgeglichen.

Bei Gefahr Hochspannung

Wenn der Zitteraal das elektrische Feld aufbaut, mit dem er sich orientiert, fließen nur extrem kleine Ströme, denn seine Sensoren sind ungeheuer empfindlich. Fühlt er sich aber bedroht oder befindet er sich auf Jagd, kann er sehr starke elektrische Impulse erzeugen. Einer seiner Stromschläge erreicht dann bis zu 600 Volt. In unseren elektrischen Leitungen beträgt die Netzwechselspannung 230 Volt.

Zitteraale und Nilhechte, aber auch Zitterrochen und Zitterwelse gehören zu den sogenannten schwach elektrischen Fischen und sind in der Lage, schwache elektrische Entladungen zu erzeugen. Während der Aal es auf ungefähr 50 Impulse in der Sekunde bringt, kann der Nilhecht bis zu 1700 solcher Entladungen pro Sekunde erzeugen. Das geschieht mithilfe eines speziellen elektrischen Organs, das sich in der Nähe der Schwanzflosse befindet. Schwach elektrische Fische haben jedoch nicht nur ein Organ, das elektrische Felder erzeugen kann, sie haben auch spezielle Rezeptoren, die sie in die Lage versetzen, selbst extrem schwache Felder wahrzunehmen.

Wie verhält sich ein Fisch, der mit derartigen Organen ausgestattet ist? Gerät nun ein Gegenstand – beispielsweise ein anderer Fisch – in das elektrische Feld eines solchen Fisches, verändert sich sein elektrisches Feld und wird, je nach Objekt, verzerrt. Nilhechte nehmen solche Verzerrungen wahr und können aus der Art und Weise, wie das elektrische Feld verändert wird, ablesen, ob es ein lebendiges oder totes Objekt ist und auch, mit welcher Geschwindigkeit es sich bewegt. So liefert also dieses Organ ein perfektes Bild der Umgebung. Das ist nicht nur für Lebewesen mit schlechten Augen ein Vorteil, es hilft auch, wenn es darum geht, sich in trüben Gewässern, wo selbst gute Augen nur wenig erkennen, zu orientieren.

Neuartige Elektrosensoren

Menschen mit Sehschwächen können nicht auf ähnliche Techniken, wie sie schwach elektrische Fische besitzen, ausweichen. Uns fehlen die Organe dafür. In der Technik gibt es aber einige vielversprechende Anwendungen für elektrische Sensoren nach dem Vorbild dieser beeindruckenden Fische. Hohe Temperaturen, wie sie z. B. in einem Hochofen herrschen, hohe Druckverhältnisse oder eine stark verschmutzte Umgebung, wie man sie in Kläranlagen findet, bringen herkömmliche Sensoren schnell an ihre Grenzen. Hier eröffnen sich schier unendliche Einsatzfelder für Elektrosensoren. Das Prinzip ist hier genau wie bei den Fischen: Ein Sender sorgt für das Feld, ein Empfänger registriert das Feld sowie alle Veränderungen darin und ein Computer wertet letztendlich die Daten aus.

Beliebte Attraktionen in Zoos sind die Zitteraale: Die Tiere können Stromstöße von bis zu 600 Volt bei 2 Ampere erzeugen, was von den Besuchern über Bildschirm und Lautsprecher verfolgt werden kann.

Stabiles Papier dank Zickzack-Form: technische Wellpappe
Flügel der Libelle

Raubvögel, die elegant in großen Höhen segeln und pfeilschnell auf ihre Beute stürzen, bezeichnet man gern als Könige der Lüfte. Wenn es aber um die Wendigkeit und Belastbarkeit der Flügel geht, werden sie von einem wesentlich kleineren Tier um Längen übertroffen – der Libelle.

Gewagte Manöver, große Belastung
Libellen können im Flug auf einer Stelle verharren, rückwärts- und sogar seitwärtsfliegen. Und nicht nur das: Sie können aus vollem Flug plötzlich abbremsen oder abrupt ihre Flugrichtung ändern. Mit 40 km/h sind Großlibel-

Ein bionisches Zufallsprodukt
Wellpappe wurde 1871 in den USA erfunden und zum Patent angemeldet. Der Erfinder wurde dazu von plissierten, d.h. stark gefalteten Stoffen inspiriert. Damals kannte man die Struktur der Libellenflügel noch nicht, das Faltprinzip unterscheidet sich dennoch nicht. Seither wurden unterschiedliche Arten von Wellpappe entwickelt, der Grundgedanke ist aber immer gleich. Wellpappe wird heute vor allem in der Verpackungsindustrie und als Dämmstoff eingesetzt.

len auch erstaunlich schnell unterwegs, und das sogar ohne Rückenwind. Libellen sind auf ihre Flugkünste angewiesen – ihre Lieblingsnahrung, die Fliegen, bewegen sich ähnlich geschickt und schnell wie sie.

Welche körperlichen Besonderheiten stecken hinter der außergewöhnlichen Flugleistung der Libellen? Eine wichtige Voraussetzung sind die Flügel; Libellen besitzen je zwei Flügelpaare auf der linken und rechten Körperhälfte. Die Flügel können vollkommen unabhängig voneinander arbeiten, wodurch besonders kraftsparende und wendige Flugmanöver entstehen. Um den extremen Belastungen der verschiedenen Flugmanöver standzuhalten, benötigen die Flügel eine Art „Spezialkonstruktion". Das Erstaunliche dabei ist, dass Libellenflügel extrem leicht sind. Eine durchschnittlich große Libelle bringt ca. 1 bis 2 Gramm auf die Waage, wobei auf die Flügel nur 1 bis 2 Prozent des Gewichts entfallen.

Auffällig wellige Struktur
Sieht man sich die Flügel einmal an, fällt zunächst einmal ein Netz verschiedener Verstrebungen ins Auge, die die Flügel durchziehen. Sie bilden das Gerüst, könnten aber allein noch nicht allen Kräften trotzen. Um der Robustheit der Libellenflügel auf die Spur zu

kommen, muss man schon sehr genau hinsehen und ein Mikroskop zu Hilfe nehmen. Dann sieht man, dass die Flügel nicht glatt sind, sondern eine gewellte bzw. gezackte Struktur aufweisen. Wie stabil gewellte Strukturen sind, kann man sehr leicht selbst in einem kleinen Experiment feststellen, indem man ein Blatt Papier im Zickzack-Modus faltet und anschließend auseinanderzieht. Das Ergebnis: Derart gefaltetes Papier kann man nicht so leicht durchbiegen wie ein glattes, ungefaltetes Blatt. Diese Zickzack-Struktur der Flügel verleiht dem Libellenflügel eine enorme Festigkeit. So dienen die Flügel der Libelle bei heutigen Analysen auch als Vorbild bei der Verbesserung von technischer Wellpappe.

Bei Tests im Windkanal werden noch einige weitere erstaunliche Merkmale offenbar: Wellige Flächen wie der Libellenflügel erzeugen heftige Luftwirbel. Bei Libellenflügeln sind die Wirbel so angeordnet, dass sie immer in einem der „Täler" liegen und dort noch für einen zusätzlichen Auftrieb sorgen.

Bei Großlibellen wie der Vierflecklibelle lässt sich mit bloßem Auge die Struktur des Flügels erkennen. Ein dicht gewebtes Netz aus zickzackförmigen Adern hilft der Libelle, den nötigen Auftrieb zu bekommen.

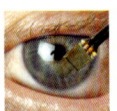

Bionische Mikrochips verhelfen Blinden zu neuem Augenlicht

Menschliches Auge

Menschliche Sinnesorgane durch Implantate zu ersetzen, ist nach wie vor eine Herausforderung. Die Forschungsrichtung, die sich hier engagiert, nennt sich Neurobionik. Sie verbindet Neurowissenschaften, Biologie und Medizintechnik, um verloren gegangene Sinne durch bionische Implantate ganz oder teilweise wiederherzustellen. Blinden ihre Sehkraft wiederzugeben, soll jetzt ein neues, bionisches Augenimplantat nach dem Vorbild des biologischen Auges ermöglichen. Schon in einigen Jahren sollen die Entwicklungen in einer praktikablen Weise ausgereift sein.

Hilfe für Sehbehinderte

Mehr als 1,5 Millionen Menschen weltweit leiden unter einer Sehschwäche, die durch das Absterben der für das Sehen benötigten Rezeptorzellen im Auge verursacht wird, etwa einer Retina pigmentosa oder einer Makuladegeneration. Derzeit gibt es verschiedene Versuche, bionische Wahrnehmungssysteme zu entwickeln, die die Funktion der ausgefallenen Nervenzellen bei Sehbehinderten, deren Sehnerv eine noch intakte Verbindung zum Gehirn bildet, ersetzen sollen. Biologische Sensoren wie die des Auges wandeln Umweltreize in elektrische Impulse um. Im Gehirn werden die Informationen dechiffriert und man erhält einen Sinneseindruck. Die bionischen Implantate funktionieren wie die entsprechenden Nervenzellen, die sie ersetzen, und stimulieren so elektrisch die funktionstüchtigen Zellen.

> ### Funktion des Auges
>
> *Die Netzhaut (Retina) besteht aus Nervengewebe, das sich an der hinteren Innenseite des Auges befindet. Das auftreffende Licht wird hier, nachdem es die Hornhaut des Auges, die Linse und den Glaskörper durchquert hat, in Nervenimpulse umgewandelt. Die empfangenen Impulse werden hier verarbeitet und weitergeleitet. Die Nervenzellen der Retina lassen sich in drei Gruppen unterteilen. Zum einen in die photorezeptiven, also die lichtempfindlichen Zellen, die das einfallende Licht in Nervenimpulse verwandeln, zum anderen in die zwischengeschalteten Zellen, auch Interneurone genannt, die die Impulse verarbeiten. Die dritte Gruppe der Retina-Nervenzellen sind die Ganglienzellen, die die verarbeiteten visuellen Informationen über den Sehnerv, mit dem die Retina verbunden ist, an die weiteren Nervenschaltstellen außerhalb der Netzhaut im Gehirn leiten.*

Sensorenbrille mit Mikrokamera

Hilfe soll in Zukunft eine Brille versprechen, in die eine Mikrokamera integriert ist. Diese nimmt die Bilder aus dem Gesichtsfeld des Patienten auf, die drahtlos an einen am Gürtel des Patienten befestigten Minicomputer gefunkt werden. Dort werden sie in elektrische Signale umgewandelt und an die Brille zurückgesendet, die sie drahtlos an einen implantierten Empfänger funkt, der sich an der Vorderseite des Auges befindet. Von hier aus werden die Signale zu 60 winzigen implantierten Elektroden an der Rückseite des Auges geleitet, die die Verarbeitung der optischen Signale übernehmen. Die elektrischen Impulse werden anschließend an die Nervenfasern im Gehirn übertragen und rufen dort ein sichtbares Bild hervor. Bereits erprobt sind ähnliche Systeme mit implantierten Mikrochips, die es den Betroffenen ermöglichen, zumindest Lichtquellen wahrzunehmen.

Ärzten des Tübinger Universitätsklinikums ist es gelungen, mithilfe von implantierten Netzhautchips blinden Patienten eine Sehprothese einzusetzen, die für erste Wahrnehmungen im Blickfeld sorgt. An einer Weiterentwicklung des Chips wird derzeit geforscht.

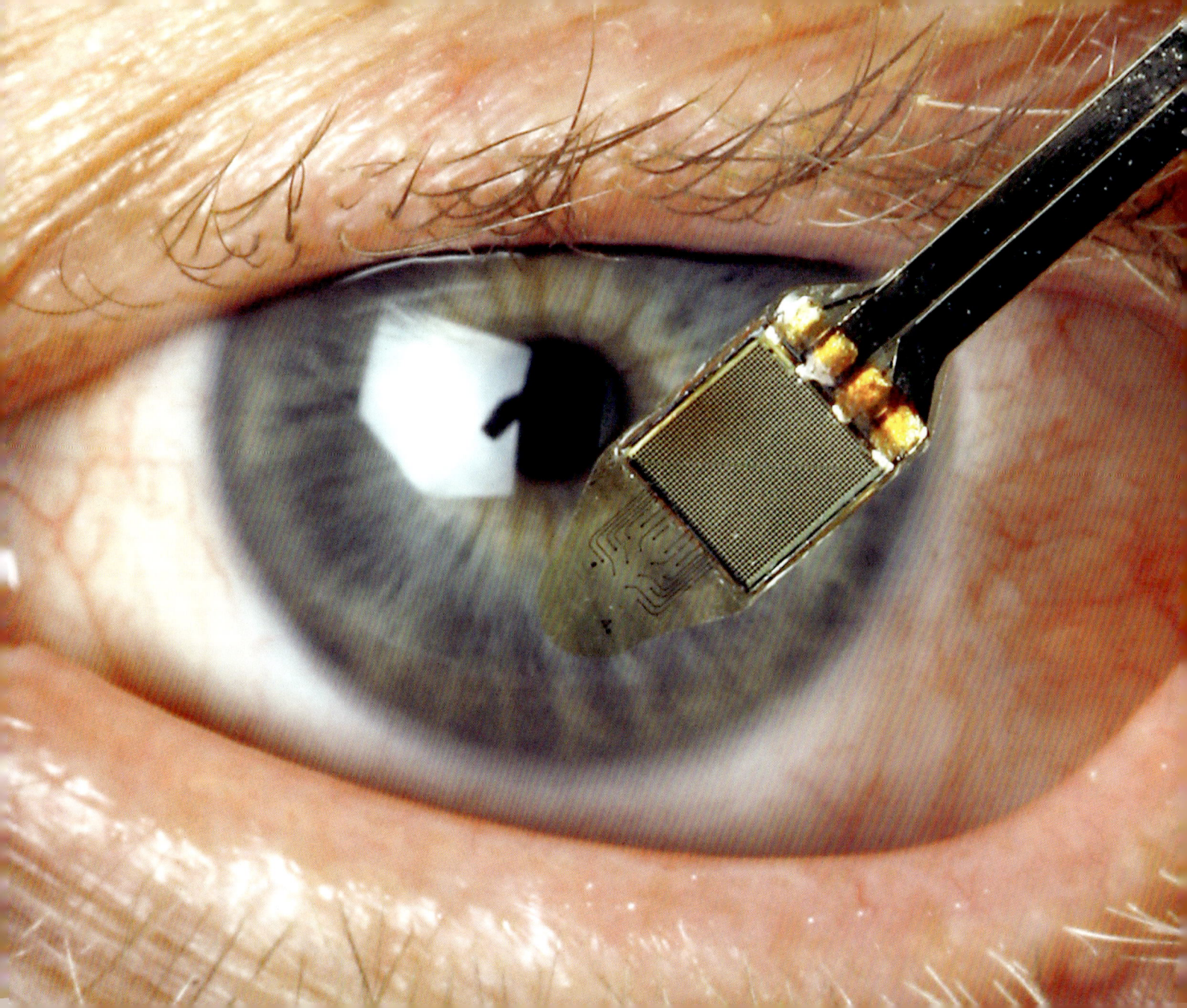

Computer lernen wie ein Mensch zu denken
Künstliche neuronale Netze

Menschen können bestimmte Sinneseindrücke erkennen, auch wenn sie diese noch nie zuvor wahrgenommen haben. Dies geschieht einfach durch Analogiebildung. Das Gehirn vergleicht die neuen Informationen mit bekannten Mustern und schließt davon ausgehend auf das Unbekannte. Computer hingegen können nur dann intelligent arbeiten, wenn die Umwelt einem vorprogrammierten Schema entspricht – allerdings gibt es jedoch auch Ausnahmen.

Komplexe Gehirnfunktion

Das menschliche Gehirn ist ein neuronales Netz, also ein Netzwerk aus etwa 100 Milliarden Nervenzellen, von denen jede mit etwa 1000 bis 10 000 anderen Nervenzellen, auch Neuronen genannt, verbunden ist.
Ein Neuron besteht aus einem Zellkörper, den Dendriten und einem Axon. Die Dendriten nehmen Signale anderer Neuronen auf und leiten die Informationen in Form von elektrischen Impulsen in die Zelle weiter. Der Zellkörper speichert elektrische Spannungen. Wenn diese einen gewissen Schwellenwert überschreiten, entlädt das Neuron seinen Speicher, indem es den Spannungsimpuls über das Axon an die Synapsen weiterleitet. Die Synapsen sind Kontaktstellen zwischen Neu-

ronen untereinander sowie zu anderen Zellen wie z. B. Sinnes- oder Muskelzellen. Je mehr Spannungsimpulse die Synapsen übertragen, desto leitfähiger werden sie. Darin besteht die Möglichkeit des Lernens.

Das Lernen eines Computers

Wissenschaftler haben lernfähige künstliche neuronaler Netze entwickelt, die in ihrer

---

Entwicklungsgeschichte

Künstliche neuronale Netze (KNN) sind ein Foschungsgebiet der Neuroinformatik. Die Entwicklung der KNN begann Ende der 1950er-Jahre. Wegbereiter waren die Wissenschaftler Warren McCulloch (1899–1969) und Walter Pitts (1923–1969). Sie stellten 1943 ein mathematisches Modell eines Neurons vor. Das Prinzip des Lernens wurde 1949 von Donald Olding Hebb (1904–1985) in eine mathematische Formel gefasst („Hebb-Regel"). Der US-amerikanische Physiker John Joseph Hopfield (* 1933) stellte 1982 ein binäres Neuronenmodell mit den Werten –1 für nicht aktiv (feuert nicht) und 1 für aktiv (feuert) vor. In einem Hopfield-Netz können Muster gespeichert und so nur teilweise vorhandene Muster rekonstruiert werden.

Arbeitsweise der des menschlichen Gehirns entsprechen. Ein solches Netzwerk ist aus einfachen Prozessoren zusammengesetzt, wobei jeder Prozessor einem menschlichen Neuron entspricht.
Auch das künstliche Neuron verfügt über Eingänge, über die Informationen gesammelt werden. Diese werden in einer Summe verrechnet. Je nach Gewichtungsfaktor wird bestimmt, ob die Eingangsinformation zu einer Aktivierung führt. Wie im biologischen Vorbild existiert auch hierfür ein festgelegter Schwellenwert. Wird dieser überschritten, wird der Ergebniswert an den Ausgang weitergeleitet.
An der Kontaktstelle zwischen den Neuronen erfolgt eine Datenspeicherung. Die Programmierung entfällt, das Netz muss selbst in einem Trainingsprozess die richtige Konfiguration lernen, wobei sich Gewichtungen und Schwellenwerte bilden. Die Ausgabeschicht sortiert die Daten und weist sie einem bestimmten Muster oder einer Klasse mit ähnlichen Eingaben zu.
Anwendungsgebiete für diese Technik sind z. B. Spracherkennung, medizinische Diagnostik, Materialfehleranalyse, Bild-, Gesichts- und Schrifterkennung, Aktienkursprognosen oder Wettervorhersagen.

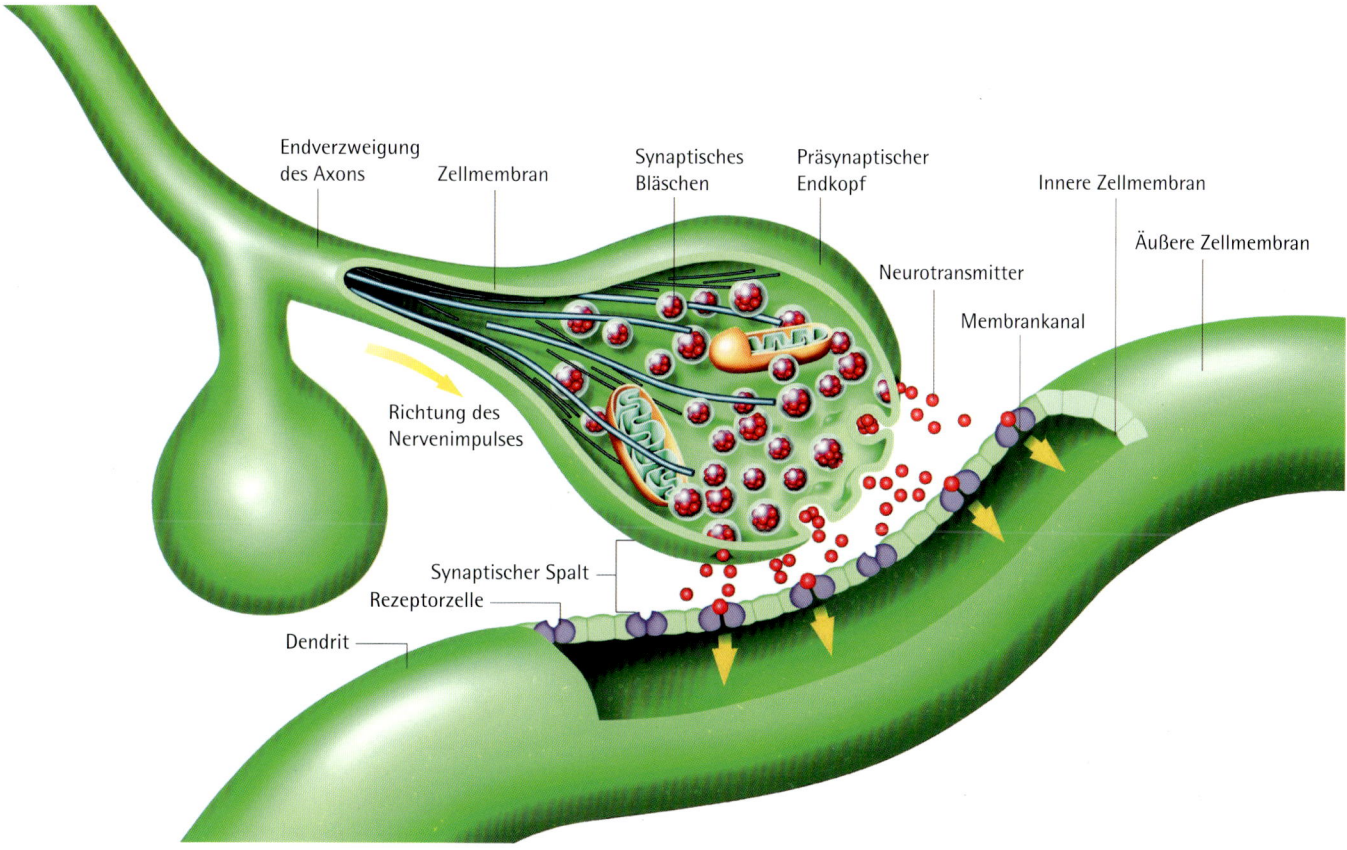

Endverzweigung des Axons

Zellmembran

Synaptisches Bläschen

Präsynaptischer Endkopf

Neurotransmitter

Innere Zellmembran

Äußere Zellmembran

Membrankanal

Richtung des Nervenimpulses

Synaptischer Spalt

Rezeptorzelle

Dendrit

Die Illustration zeigt die Schnittstelle zwischen zwei verschiedenen Nervenzellen, auch Neuronen genannt. Über die Endverzweigung des Axons gelangen die Nervenimpulse mithilfe chemischer Substanzen, sogenannten Neurotransmittern, zum Dendrit der anderen Nervenzelle. Auf diese Weise erhält das andere Neuron das gesendete Signal und kann es weiterleiten.

Material und Motor zugleich
Pflanzen

Pflanzen können enorme Kraftleistungen vollbringen, ohne dass ihnen von außen Energie zugeführt wird. Sie mobilisieren ihre Kräfte völlig unsichtbar, sodass keine energieraubende Anstrengung von außen nachvollziehbar wäre. Materialwissenschaftler des Max-Planck-Instituts für Kolloid- und Grenzflächenforschung in Potsdam haben nun nach diesem Vorbild ein Material entwickelt, das quasi wie ein „Pflanzenmuskel" funktioniert.

Die „Muskeln" der Natur

Blüten haben keine Muskeln, aber dennoch können sie mit ihren Blütenblättern Bewegungen ausführen. Scheinbar wie von selbst öffnen sich Blüten und manche Blätter, wenn der Tag anbricht, und schließen sich, wenn die Sonne wieder untergeht. Wie können sie diesen Prozess ohne Muskeln vollführen? Sie besitzen gelartige Substanzen, die die Blütenblätter je nach Luftfeuchtigkeit anschwellen oder sich zusammenziehen lassen. Nachts nimmt die Luftfeuchtigkeit zu, tagsüber wieder ab. Aber nicht nur Blüten nutzen das hydraulische Prinzip, auch Tannenzapfen oder der fleischfressende Sonnentau können sich auf diese Weise entfalten und wieder schließen, um ihre Samen zu verteilen oder Beute zu fangen.

Die Kraft der Bäume

Auch die Zellen von Bäumen dehnen sich abhängig von der Luftfeuchtigkeit aus. Die Holzzellen bestehen aus starren Zellulosefäden, die von saugfähigen Röhren umgeben und mit denen sie fest verbunden sind. Wenn die Hemizelloloseröhre Wasser aufsaugt, quillt sie sehr stark auf, die Fäden im Inneren der Pflanze bleiben jedoch starr. Hierdurch wird die Kraft gespeichert, die mechanische Arbeit verrichten kann. Je nachdem, wie die Zellen zum Ast ausgerichtet sind, kann ein Baum der Schwerkraft trotzen. Auf diese Weise kann ein Baum problemlos stehen bleiben und nach oben wachsen, auch wenn er an einem Abhang wächst.

Weizenkörner schieben sich mithilfe von zwei antennenartigen Fortsätzen in den Boden. Die Zellen dieser sogenannten Grannen bestehen aus steifem unflexiblem Material, das in ein elastisches Gel eingebettet ist. Nachts, wenn die Feuchtigkeit zunimmt, dehnen sich die Zellen aus und die Granne richtet sich auf, tagsüber fallen sie zusammen und die Granne bewegt sich zurück. Kleine widerhakenartige Härchen verankern sich zusätzlich in der Erde und verhindern ein Zurückrutschen.

Aktives Material

Auch das aktive Material, das von den Forschern des Max-Planck-Instituts für Kolloid- und Grenzflächenforschung und den US-amerikanischen Bell Laboratories entwickelt wurde, verbindet eine steife mit einer elastischen Komponente. Als starrer Teil dienen Siliziumstäbchen, die tausendmal dünner sind als Menschenhaar und nur wenige Tausendstelmillimeter lang sind. Die flexible Komponente ist ein sogenanntes Hydrogel, das aus einem Knäuel von Kunststofffasern besteht und dadurch Wasser aufnehmen und abgeben kann. Dabei sitzt ein Geltröpfchen zwischen vier parallel angeordneten Nadeln. Zieht sich das Gel abhängig von der Luftfeuchtigkeit zusammen, zieht es die Nadeln an den Ecken nach innen und sie biegen sich aufeinander zu. Wenn das Gel feucht wird, dehnt es sich aus und die Nadeln nehmen wieder ihre aufrechte Position ein. So können Werkstoffe erzeugt werden, die nicht nur Material sind, sondern gleichzeitig auch als Motor fungieren, sodass hierbei sowohl Energie als auch Kosten gespart werden. Beispielsweise könnten Solarzellen so gedreht werden, dass sie dem Lauf der Sonne folgen. Durch die Weiterentwicklung der künstlichen Muskeln könnten auch Prothesen und Roboterarme verbessert werden.

Kieferngewächse wie die Europäische Lärche
bilden Zapfen, in denen die Samen reifen. Diese
Blütenstände sind ein weiteres Beispiel für die
„Muskelkraft" der Pflanzen: Zapfen spreizen ihre
Schuppen zur Zeit der Blütenreife, um die Samen
in die Umgebung zu entlassen. Dies geschieht
jedoch nur bei warmem und trockenem Wetter,
da nur dann Samen oder Nüsse gedeihen.
Der Zapfen reagiert sehr frühzeitig auf ansetzenden
Regen und schließt die Schuppen, um das
Innenleben zu schützen. Diese „Wetterfühligkeit"
der Zapfen bietet daher eine hervorragende
Wettervorhersage.

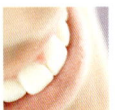

Strahlend weißes Lächeln aus der Natur

Der südostasiatische Blatthornkäfer Cyphochilus

Im bunten Farbspektrum der Tierwelt ist eine Weißfärbung äußerst selten, da es, außer in einem Lebensraum wie der Arktis, für ein weißes Tier kaum möglich ist, von seinen Feinden unentdeckt zu bleiben.

Ein weißer Panzer ist aber gerade das auffälligste Merkmal des südostasiatischen Blatthornkäfers der Gattung Cyphochilus. Aber wie alles in der Natur verfolgt auch die ungewöhnliche Färbung des fingerkuppengroßen Cyphochilus-Käfers einen nützlichen Zweck: Auch wenn man es in einem Regenwald nicht erwartet hätte, schützt ihn sein weißer Panzer als Tarnung vor Fressfeinden, indem sie die weiße Färbung eines ungenießbaren Pilzes imitiert, der in seinem heimischen Lebensraum vorkommt. Wissenschaftler haben sich nun mit diesem Phänomen näher beschäftigt.

Das Geheimnis der Struktur

Die Flügel von Schmetterlingen und Pfauenfedern verdanken ihre intensiven Farben beispielsweise streng geometrisch geordneten photonischen Kristallen, die einen Großteil des Sonnenlichts absorbieren. Aus verschiedenen Blickwinkeln werden jedoch jeweils unterschiedliche Wellenlängen des Lichts reflektiert, wodurch der Eindruck eines buntes Schillerns erzeugt wird.

Weiß ist hingegen eine Mischung aller sichtbaren Spektralfarben. Damit eine Oberfläche als Weiß erscheint, muss ein Material eine äußerst unregelmäßige Struktur besitzen, die eine gleichmäßige und gleichzeitige Reflektion aller Farben des Lichts ermöglicht. Genau nach einer solch ungewöhnlichen Struktur ist der Panzer des Cyphochilus-Käfers aufgebaut, wie ein britisches Forscherteam der University of Exeter herausgefunden hat. Mit einem Elektronenmikroskop nahmen die Forscher die länglichen, flachen Schuppen an Kopf, Körper und Beinen des Käfers unter die Lupe. Die 5 Mikrometer dicken, 250 Mikrometer langen

Weißer als Weiß

Nach dem Standard der Internationalen Organisation für Normung beträgt der Weißheitswert des Cyphochilus-Käfers 60 und der Wert der Helligkeit 65. Damit ist er weißer als Milch, Säuglingszähne oder das weißeste gebleichte Papier. Um eine so perfekte Weiße zu ermöglichen, müssen künstliche Oberflächen mindestens doppelt so dick wie der Schuppenpanzer des Cyphochilus sein. Dieser ist nur 1/200 Millimeter dick – zehnmal dünner als ein Menschenhaar.

und 100 Mikrometer breiten unregelmäßig geformten Schuppen bestehen aus einem Netzwerk von ungeordneten Chitin-Filamenten, von denen jedes Einzelne einen Querschnittsdurchmesser von etwa 250 Nanometern besitzt. Die Fasern füllen das Innere der Schuppen zu etwa 70 Prozent aus, die restliche Schuppenfläche nehmen winzige Luftkammern ein. Die Zwischenräume bewirken, dass das Licht weniger oft innerhalb der Struktur hin- und herreflektiert und so geschluckt wird und die Chitinfäden auf diese Weise einen Großteil – etwa 65 Prozent – der einfallenden Lichtstrahlen aller Wellenlängen reflektieren können, ohne sich gegenseitig im Weg zu stehen.

Weißeres Weiß für Industrieprodukte

Das Strukturprinzip hinter der beeindruckenden Strahlkraft des Käfers soll in Zukunft auf neue Technologien angewendet werden, die industrielle Erzeugung strahlend weißer, leichter und Material sparender Beschichtungen ermöglichen soll. Mögliche Anwendungen wären etwa Papier, effizientere Lichtquellen, Reflektoren, Anstrichmaterialien sowie Zahnpasta, die eine hauchdünne Schicht auf dem Zahnschmelz ablagert und so zur optischen Zahnaufhellung beiträgt.

Das Weiß des Cyphochilus-Käfers könnte bald
ein Zahnbleaching überflüssig machen: Forscher
wollen mit einer „Käfer-Zahnpasta" erreichen, dass
sich durch Putzen eine hauchdünne Schicht der
Paste auf dem Zahnschmelz ablagert und so zur
optischen Aufhellung der Zähne beiträgt.

Muskelschwund adé – neue Therapiemöglichkeiten
Winterruhe von Bären

Wenn Menschen nach einem Unfall oder infolge einer schweren Krankheit wie Krebs oder HIV bettlägerig sind und sich daher über einen längeren Zeitraum nicht mehr bewegen können, kommt es nach längerer Zeit zu Muskelschwund. Das Gleiche kann infolge einer erblich bedingten Muskeldystrophie oder im Alter passieren. Gegenüber einem 40-Jährigen kommt ein 80-Jähriger im Schnitt auf rund 30 bis 50 Prozent weniger an Muskelmasse. Auch Astronauten sind bei einem längeren Aufenthalt in der Schwerelosigkeit oft von Muskelschwund betroffen. Ganz anders sieht es da bei Tieren aus, die Winterruhe oder Winterschlaf halten. Tiere, bei denen sich lediglich der Herzschlag verringert, halten Winterruhe. Nicht zu verwechseln mit dem Winterschlaf, bei dem sich die Atemfrequenz drastisch verlangsamt.

Krafterhaltung in der Winterruhe

Während des Winterschlafs oder der Winterruhe bewegen sich Tiere über viele Monate hinweg nur minimal. Dennoch sind sie nach dem Erwachen wieder uneingeschränkt bewegungsfähig. Während ein Mensch in einer vergleichbaren Situation oft eine lange Physiotherapie zur Rückerlangung der vorherigen Muskelkraft hinter sich bringen muss, können Bären sofort nach der langen Ruhezeit wieder auf Jagd gehen. Ist es erst einmal gelungen herauszufinden, worauf dieser Muskelerhaltungsmechanismus beruht, wäre es bald auch möglich, diese Erkenntnis im Kampf gegen den Muskelschwund beim Menschen zur Entwicklung wirksamer Therapien einzusetzen.

Dem Wirkstoff auf der Spur

Warum aber leiden Bären nicht wie Menschen unter Muskelschwund? Die Antwort ist im Blut des Bären verborgen. Blutplasma, das von Tieren in der Winterruhephase gewonnen wurde, wurde Laborratten injiziert und konnte hier einen Abbau einzelner Muskelgruppen verhindern. Ein Forscherteam aus Barcelona

---

Biologisches Kräftemessen

Amerikanische Biologen und Mediziner haben festgestellt, dass Schwarzbären nach fast viermonatiger Winterruhe nur 30 Prozent an Kraft eingebüßt haben. Verglichen damit verloren Teilnehmer von Bettruhestudien innerhalb von 90 Tagen beinahe 55 Prozent ihrer Kraft. Astronauten verlieren gut zehn Prozent ihrer Kraft schon allein während eines 14-tätigen Aufenthalts in der Schwerelosigkeit.

---

fand bei Untersuchungen von Blutproben von Braunbären aus den Pyrenäen heraus, dass in der Winterruhezeit entnommene Blutproben einen bisher noch nicht näher bestimmten muskelerhaltenden Faktor enthalten, der in der Sommerprobe nicht zu finden ist.

Muskeln bestehen aus Eiweißfäden. Wenn der Muskel lange Zeit untätig ist, werden die nicht gebrauchten Eiweißmoleküle von sogenannten Atrogenen durch das Anhängen eines Ubiquitin-Moleküls gekennzeichnet und von Proteasomen – Enzymen, die für den Enzymabbau zuständig sind – abgebaut. Da Proteasomen nicht nur den Eiweißabbau hemmen, sondern auch viele andere Umbauprozesse in den Zellen beeinflussen, konzentrieren sich die Forscher zurzeit auf die Atrogene. Den entsprechenden Hemmstoff will das spanische Forscherteam nun finden. Auf dieser Grundlage ließe sich ein Medikament entwickeln, das einen atrogenhemmenden Stoff enthält und so den Muskelabbau stoppen kann.

Braunbären und viele andere Bärenarten halten während der kalten Jahreszeit ihre Winterruhe. Auf diese Weise überbrücken sie die kargen Wintermonate, in denen sie nur sehr wenig Futter finden würden.

Umweltschonende alternative Energien nach Pflanzenart

Künstliche Photosynthese

Nicht nur als Erzeuger von Sauerstoff könnte die Photosynthese in Zeiten der zunehmenden Klimaproblematik künftig der Umwelt gute Dienste erweisen. Forscher suchen nach der Struktur von Molekülen, die für den Ablauf der Photosynthesereaktion verantwortlich sind. Die Erkenntnisse lassen sich für eine künftige Entwicklung nachhaltiger Energieträger nutzen.

Suche nach dem Katalysator

Katalysatoren beschleunigen den Photosyntheseprozess. Diese gilt es nun zu entdecken. Das Potsdamer Forscherteam rund um Markus Antonietti hat einen Katalysator – ein graphitisches Kohlenstoffnitrid – entdeckt, der eine der Bindungen zwischen Kohlenstoff (C) und Sauerstoff (O₂) innerhalb des Kohlendioxidmoleküls (CO₂) schwächt. Wissenschaftler des Jülicher Instituts für Festkörperforschung hingegen konnten einen Metalloxid-Komplex synthetisieren, der die Spaltung von Wassermolekülen beschleunigt. Der praktischen Erprobung steht in beiden Fällen bislang noch im Weg, dass die für die Photosynthese benötigte Energie bisher noch nicht wie geplant vom Sonnenlicht, sondern aus chemischen Stoffen stammt.

Ablauf der Photosynthese

Bei der Photosynthese wandeln grüne Pflanzen mithilfe des Sonnenlichts Wasser (H_2O) und Kohlendioxid (CO_2) in Sauerstoff (O_2) und Traubenzucker ($C_6H_{12}O_6$) um. Die Atome, aus denen die einzelnen Stoffe zusammengesetzt sind, werden dabei gespalten und neu kombiniert. Die bei der Neuzusammensetzung (Synthese) entstehenden Stoffe, Sauerstoff und Zucker dienen der Pflanze für Energiegewinnung und Wachstum. Darauf basierend gibt es derzeit zwei Herangehensweisen, den Umwandlungs- und Syntheseprozess zu imitieren und wirtschaftlich und ökologisch zu nutzen. Als Ansatzpunkt nimmt die eine Forschungsrichtung dabei den Ausgangsstoff Wasser, die andere das Kohlendioxid näher unter die Lupe.

Wasserspaltung und Kohlendioxidzersetzung

Der erste Ansatz untersucht die Umwandlung von Wasser in Wasserstoff- und Sauerstoffatome. Für die hierfür nötige Spaltung der Wasseratome (H_2O) in Wasserstoff (H) und Sauerstoff (O) sorgt ein Atomkomplex, dem eine Forschergruppe des Max-Planck-Instituts für Bioanorganische Chemie auf der Spur ist. Dieser besteht aus einem Kalzium- und vier Manganatomen, die durch fünf Sauerstoffatome verbunden sind. Ließe sich Wasser künstlich in die verschiedenen Stoffe teilen, könnte dies den Weg für die Herstellung von Wasserstoff bahnen, das als Brennstoff für Autos genutzt werden könnte. Bisher werden für die Herstellung von Wasserstoff große Mengen fossiler Brennstoffe benötigt, wobei umweltbelastendes Kohlendioxid entsteht. Letzteres, so der zweite Forschungsansatz, könnte in Zukunft als nützlicher Rohstoff dienen. Ziel des Chemikers Markus Antonietti (* 1960) vom Max-Planck-Institut für Kolloid- und Grenzflächenforschung in Potsdam ist es, dass das Treibhausgas es künftig ermöglichen könnte, in Industrie- oder Autoabgasen anfallendes Kohlendioxid zu beseitigen und zugleich nützliche Substanzen, etwa Kohlenwasserstoffe, die als bedeutender Ausgangsstoff in der chemischen Industrie dienen, herzustellen und somit das bisher hierfür hauptsächlich verwendete Erdöl als Kohlenwasserstoffquelle zu ersetzen.

Der Farbstoff Chlorophyll liefert nicht nur die grüne Farbe der Blätter, er dient auch bei der Photosynthese zur Lichtabsorption und Weiterleitung der gewonnenen Energie.

ARCHITEKTUR

Spätestens seit umweltgerechtes und gesundes Bauen immer mehr ins Blickfeld des Interesses rückt, ist die Baubionik zu einem Trendthema geworden. Dabei ist es faszinierend, wie ähnlich schon sogenannte primitive Bauten und durchdachte Architektur vor der Zeit der Bionik sich an den geschickten Problemlösungen orientieren, die in den Bauprinzipien der Natur schon lange verwirklicht sind. Bei der Baubionik geht es weniger um das Aussehen als vielmehr um eine erhöhte Funktionalität, etwa in Bereichen wie der Wärmedämmung und der Belüftung. Ziel ist eine erhöhte Effizienz, etwa um mit möglichst geringem Materialeinsatz flexibel und stabil zu bauen und um zusätzlich Energie und Kosten zu sparen.

Organische Architektur im 20. und 21. Jahrhundert
Funktionale Gesetzmäßigkeit nach dem Vorbild der Natur

In einer Zeit, in der Architektur stark von Wirtschaft, industrieller Serienfertigung und Technik geprägt ist, entsteht oftmals eine Hinwendung zum Natürlichen. Die seit der Wende zum 20. Jahrhundert entstandene organische Architektur orientiert sich an Formen, Farben und Gesetzmäßigkeiten der lebendigen Natur, wodurch beeindruckende „gebaute Organismen" entstehen.

Die Form folgt der Funktion

„Form Follows Function" (die Form folgt der Funktion) lautete der der Natur abgeschaute Grundsatz des amerikanischen Bildhauers Horatio Greenough (1805–1852) Mitte des 19. Jahrhunderts, der von Louis H. Sullivan (1856–1924) für die Architektur übernommen wurde. Obwohl diese Formen nicht immer bewusst der Natur nachgebildet sind, erinnern sie oftmals an natürliche Gebilde.

Die lebendige Ornamentik eines Louis Sullivan, Frank Lloyd Wrights (1867–1959) Verbindung der Teile eines Gebäudes mit dem Ganzen, die farbliche, formelle und materielle Beziehung zwischen Gebäude und Landschaft und der naturgemäße Umgang mit Baumaterialien, die den Konstruktionsprinzipien der Natur entlehnte Geometrie bei Antoni Gaudí (1852–1926) oder die Erlebbarkeit von na-

türlichen Entwicklungsprozessen bei Rudolf Steiner (1861–1925) sind Beispiele dieses Gestaltungsprinzips.

Baubionik

Bionische Architektur ist eine Sonderform der organischen Architektur. Hierbei spielen die Klimabionik, also Prinzipien wie Belüftung, Beleuchtung und Temperaturregulation durch Ausrichtung zu Sonne und Wind z. B. nach dem Vorbild von Präriehund-, Ameisen- oder Termitenbauten, sowie die Erdtemperaturnutzung eine wichtige Rolle. Auch natürliche Materialien wie Ton, Lehm und Stroh zur Wärme- und Schalldämmung und Bauweisen wie stabile Leichtbaukonstruktionen sind wichtige Elemente. Beispiele sind Seilarchitektur nach dem Vorbild von Spinnennetzen, Schalenkonstruktionen nach dem Vorbild von Eierschalen, Muscheln oder Kieselalgen, stabile und leichte Stützelemente gemäß dem Knochenaufbau, Flächendeckung entsprechend Blatt- und Blütenüberlagerungen und Flächennutzung nach dem Wabenprinzip. Die Konstruktionen sind umweltfreundlich, materialsparend, energieeffizient, anpassungs-, wandlungs- und recyclingfähig sowie vergleichsweise kostengünstig.

Weiterentwicklung

Eine Wiederentdeckung der organischen Architektur findet in den 1950er- und 1960er-Jahren statt. Die zunächst geometrische Formensprache von Architekten wie beispielsweise Le Corbusier (1887–1965) oder Alvar Aalto (1898–1976) wird allmählich organischer und expressiver. So ist die zwischen 1950 und 1955 entstandene Wallfahrtskirche Notre Dame-du-Haut in Ronchamp von Le Corbusier mit ihren unterschiedlichen Seiten und dem schwebenden Dach eine Antwort auf die vier Himmelsrichtungen und die Umgebung. Das aus zwei Betonschalen bestehende Dach ist einer Krebsschale nachempfunden und ragt wie ein Pilzhut über die Außenwände.

In den 1980er- und 1990er-Jahren erhält die organische Architektur – auch durch das ökologische und gesunde Bauen – nochmals einen Aufschwung. Durch computergestützte Berechnungen lassen sich Gebäude wie die stählerne Magnolie des Guggenheim-Museums in Bilbao (1997) von Frank O. Gehry (* 1929) realisieren. Ein neueres Beispiel ist der TGV-Bahnhof Lyon von Santiago Calatrava (* 1951). Der Architekt ließ sich oft durch Bäume oder den Skelettaufbau von Tieren inspirieren.

Die Wallfahrtskirche „Notre Dame-du-Haut"
(„Unsere Liebe Frau von der Höhe") im französischen
Ronchamp ist ein Musterbeispiel für die
Formensprache des Architekten Le Corbusier.
Durch ihr organisch geschwungenes Dach, die
weichen Wandformen und einen im Freien
stehenden Altar passt sich die Wallfahrtskirche
perfekt in die Umgebung ein.

Wahrzeichen von „Down under": die Oper von Sydney
Orangensegmente und Palmwedel

Architektonische Entwürfe, die sich an Vorbildern in der Natur orientieren, sind sehr zahlreich. Eines der markantesten und spektakulärsten Gebäude der Moderne ist die Oper von Sydney in Australien, die wie ein organisches Gebilde aus dem Meer zu wachsen scheint.

Lange Planungs- und Bauphase

Bereits Ende der 1940er-Jahre begannen sich in Australien erste Stimmen zu regen, die meinten, die Stadt müsse ein Opernhaus erhalten. Es sollte auf der sogenannten Bennelong Point, einer der Stadt vorgelagerten Halbinsel, realisiert werden.
Für das Vorhaben wurde ein internationaler Architekturwettbewerb ausgeschrieben. Daraufhin wurden 233 Vorschläge eingereicht. 1957 wählte man schließlich einen Sieger aus: den Dänen Jørn Utzon (* 1918).
Im Jahr 1959 begannen die Bauarbeiten, und aufgrund der damaligen baulichen Möglichkeiten musste Utzons Entwurf immer wieder angepasst werden. Auch der finanzielle Rahmen wurde mehrmals erweitert. Hatte man ursprünglich 3,5 Millionen Dollar für den Bau veranschlagt, lagen die endgültigen Kosten bei über 100 Millionen. So kam es zum Zerwürfnis zwischen Utzon und der australischen Regierung, woraufhin Utzon im Jahr 1966

seine Arbeit an dem Bau beendete. Eigentlich hatte man das Opernhaus am australischen Nationalfeiertag im Jahr 1965 einweihen wollen, doch die Einweihung fand erst 1973 statt.

Natürlich inspiriert

Die Oper von Sydney ist 183 Meter lang, 118 Meter breit und bedeckt eine Fläche von etwa 1,8 Hektar. Ihr einzigartiges Schalendach ragt 67 Meter hoch auf und ist mit 1 056 000 glasierten weißen Keramikfliesen verkleidet. Das Gebäude ruht auf 580 Betonpfeilern, die 25 Meter tief in den Boden getrieben wurden. Es beherbergt fünf Theater, diverse Probe-

> #### Umbau unter der Leitung des Star-Architekten
> *Als Jørn Utzon 1966 Australien im Streit verließ, wurde nur die äußere Hülle nach seinen Plänen gebaut; im Inneren setzte man auf preisgünstigere Lösungen. Nach 36 Jahren lenkte die australische Regierung ein und beauftragte den Schöpfer des eigentlichen Plans mit der Renovierung des Gebäudes. Der Konzertsaal und das Operntheater werden komplett modernisiert und erhalten jene Akustik, die Utzon ursprünglich vorgesehen hatte.*

studios, ein Kino, sechs Restaurants, ebenso viele Bars und zahlreiche Souvenirshops. Insgesamt finden rund 100 Räume unter der ebenso eigenwilligen wie berühmten Dachkonstruktion Platz.
Darüber, welchem Vorbild diese Konstruktion nachempfunden ist, gibt es geteilte Meinungen. Viele fühlen sich an Bootssegel erinnert, was auch aufgrund der Lage direkt am Meer naheliegt. Auch die zweite, oft gebrauchte Erklärung, die Form von Muschelschalen habe der Konstruktion Pate gestanden, erscheint durchaus plausibel. Nicht umsonst wird das Gebäude auch als „offene Auster" bezeichnet. Der Architekt selbst jedoch gab später auf Nachfragen in Interviews an, er habe sich bei seinen Plänen von den Schalen und Segmenten einer sich entfaltenden Orange und von Palmwedeln inspirieren lassen. Unabhängig davon, welchem Beispiel Utzon bei der Konstruktion des Daches gefolgt ist, brachte ihm die Oper viel Ruhm ein.

Die Oper von Sydney ist wohl eines der bekanntesten Wahrzeichen Australiens. Sie gehört seit 2007 zum UNESCO-Weltkulturerbe und wurde von der dänischen Regierung aufgrund der Herkunft ihres Erbauers in Dänemarks Kulturkanon aufgenommen.

Venezuelas Blütendach als Stargast der Expo 2000
Blätter und Blütenblätter

Moderne Baumaterialien wie Spannbeton, Stahl und Glas und neuartige Baumethoden ermöglichen es Architekten und Bauherren seit einigen Jahrzehnten, nahezu jede vorstellbare Gebäudeform zu verwirklichen. Bei vielen Gebäuden lieferten Blätter und Blüten wichtige Anregungen.

Architekturvorbilder aus der Natur

In den frühen 1960er-Jahren plante der österreichisch-amerikanische Architekt Frederick Kiesler (1890–1965) frei nach dem Motto „Nichts ist unmöglich" eine neues Opernhaus. Sein Bühnentrakt sollte die Form eines Darms und der Zuschauerraum die Form eines Magens haben. Wieso sich Frederick Kiesler

Gut beschirmt

Nicht nur Hausdächer können nach dem Vorbild der Natur gestaltet werden. So haben Schüler im Rahmen eines Projekts im Jahr 2007 einen Regenschirm entwickelt, der sich an Bäumen orientiert und anstelle einer einzigen Schirmfläche viele kleinere Flächen aufweist. Ein derartiger Schirm ist deutlich weniger anfällig für starke Winde als die herkömmlichen Modelle – und dennoch genauso dicht.

ausgerechnet vom Verdauungstrakt hat inspirieren lassen, ist nicht näher bekannt. In der Architektur geht es nicht nur um Ästhetik, wenn sich Architekten und Bauherren bei der Natur Anregungen holen. Diese steht häufig gar in der zweiten Reihe, denn in der Regel stehen funktionelle Aspekte an erster Stelle. Ein gutes Beispiel hierfür ist die russische „Architektur für die Massen", die nach der russischen Revolution ab den 1920er-Jahren einen ungeheuren Aufschwung genommen hat. Berühmt geworden ist ein Stadionentwurf aus den 1960er-Jahren. Der Architekt Mutjankowitsch sah hier eine blütenblattähnliche Struktur für das Dach vor, mit der das Stadion teilweise beschattet werden konnte.

Dächer wie in der Natur

Für einen anderen russischen Entwurf war das Vorbild aus der Natur die Phlox-Blüte. Sobald die Sonne auf das Gebäudedach strahlt, öffnet sich das Dach durch den Innendruck ihrer Zellen spiralförmig, bis alle Blätter optimal zur Sonne stehen. Wartanjan, ein weiterer Vertreter der „Architektur für die Massen", versuchte hier eine Analogie. Er versah das Dach eines achteckigen Gebäudes mit einer solargesteuerten Mechanik, die bei Sonnenbestrahlung einzelne Dachsegmente um 60 Grad drehte.

Auf diese Weise sollte das Gebäude besser ausgeleuchtet und belüftet werden.

Nach einem anderen Prinzip gestalteten die beiden italienischen Architekten Paolo Portoghesi (* 1931) und Vittorio Gigliotti (* 1921) in Rom ein 13-geschossiges Wohngebäude. Das bionische Vorbild bei diesem Bau waren die Blätter des Breitwegerich, die wie eine Rosette flach auf dem Boden aufliegen. Auf diese Weise erhält jedes Blatt sehr viel Sonnenlicht. Paradoxerweise wollten Portoghesi und Gigliotti für ihr Gebäude aber genau das Gegenteil erreichen: Jedes Wohnelement sollte ausreichend beschattet werden und zugleich von anderen Wohneinheiten nicht einsehbar sein. Die Architekten erreichten ihre Vorgabe, indem sie die einzelnen Wohneinheiten, den Blättern des Breitwegerichs entsprechend, ebenfalls wie eine Rosette um einen Mittelpunkt anordneten.

Von dem venezolanischen Architekten Fruto Vivas (1928) stammt ein äußerst ästhetischer Entwurf für eine Dachkonstruktion. Das Dach des Pavillons von Venezuela auf der Expo 2000 in Hannover besteht aus einzelnen Segmenten, die sich bei schönem Wetter wie eine Blüte öffnen, bei Regen aber wie ein „Blütenkelch" wieder schließen.*

Ein Dach für die erste Weltausstellung
Die königliche Riesenseerose

1849 beschlossen britische Bankiers und Industrielle der „Society of Arts", in London eine Weltausstellung zu veranstalten, um die britischen Produkte im direkten Vergleich mit internationalen Konkurrenten zu präsentieren. Das Ausstellungsgebäude musste speziellen Anforderungen genügen, die nur mithilfe der Bionik gelöst werden konnten.

Eine komplizierte Aufgabe

Die Vorgaben für das Gebäude waren ebenso anspruchsvoll wie ungewöhnlich: Die Bäume auf dem Baugrundstück im Hyde Park durften nicht gefällt werden. Außerdem sollte der Bau in kurzer Zeit errichtet und nach der Ausstellung wieder schnell abgebaut werden können. Schließlich mussten die einzelnen Ausstellungsparzellen im Inneren von den Ausstellern

---

Das Ende des Londoner Glaspalastes

Nach der Weltausstellung wurde der Crystal Palace demontiert. Nachdem man noch einige Veränderungen an den Plänen vorgenommen hatte, bauten die Londoner den Glaspalast im Stadtteil Sydenham wieder auf. 1936 brannte das berühmte Gebäude jedoch nieder.

---

in ihrer Größe frei wählbar sein, man brauchte also einen einzigen riesigen Raum in einer Größe von 6,34 Hektar. Auch der finanzielle Rahmen war sehr eng: Mehr als 100 000 Pfund durfte der Bau nicht kosten.

Mit all diesen Vorgaben startete man einen internationalen Architekturwettbewerb, doch es war kein passender Entwurf dabei. In dieser Situation beauftragte man schließlich Joseph Paxton (1803–1865), der für die prächtigen Gärten des Herzogs von Devonshire verantwortlich war und sich auch als Architekt einen guten Namen gemacht hatte, einen neuen Entwurf für das Weltausstellungsgebäude vorzulegen.

Seerosen-Leichtbaukonstruktion

Joseph Paxton gelang das scheinbar Unmögliche. Er entwarf ein Gebäude, das allen Kriterien gerecht wurde. Dabei kamen ihm seine Erfahrung als Architekt von Gewächshäusern und eine südamerikanische Riesenseerose zu Hilfe.

Die im Amazonasgebiet heimische Königliche Riesenseerose *Victoria amazonica* ist eine Expertin im Bereich Leichtbau. Den stabilen Unterbau für die zwei Meter breite schwimmende Blattfläche bilden kräftige, bestachelte Rippen mit Querstreben, die zahlreiche

Luftkammern aufweisen. Mit nur zwei Millimetern Dicke sind die kreisrunden Blätter zwar hauchdünn, dank des genialen Konstruktionsprinzips können sie aber ein Gewicht von bis zu 80 Kilogramm tragen, ohne sich dabei zu verbiegen.

Nach dem Vorbild dieser Blätter gestaltete Paxton den Bau des Weltausstellungsgebäudes. Eine Konstruktion aus Eisenträgern und Holz trat an die Stelle der Rippen unter dem Seerosenblatt. Dabei sorgten die Querverstrebungen der Dachkonstruktion für die nötige Stabilität. Dort, wo bei der Pflanze die hauchdünnen Blätter zu finden sind, setzte Paxton bei seinem Gebäude Glasflächen ein. Auf diese Weise konnte er auf Mauerwerk verzichten, erhielt aber dennoch eine sehr stabile Struktur. Die erste Säule des Gebäudes, dem man den Namen Crystal Palace gab, wurde am 26. September 1850 gesetzt. Bereits nach vier Monaten war eine Fläche von 560 x 137 Metern im südlichen Hyde Park überdacht. Dabei verwendete Paxton 83 600 Quadratmeter Glas, 372 Dachbinder, 38 km Kehlprofilmaterial, 330 km Glasrahmen und 17 000 Quadratmeter Holz. Im selben Jahr, als der Glaspalast gebaut wurde, meldete Joseph Paxton seine Konstruktion zum Patent an, das er jedoch erst acht Jahre später, im Jahr 1858, erhielt.

Sir Joseph Paxton zeigt dem Fotografen um 1930
ein Blatt der Victoria amazonica, einer Seerosenart,
die im Amazonasgebiet wächst. Die Blätter tragen
leicht das Gewicht eines erwachsenen Mannes.
Die Querverstrebungen in der Pflanze schaute
sich der Architekt ab und ließ nach deren Vorbild
das Crystal Palace in London erbauen.

Wettlauf in den Himmel: Taipei 101 und immer höher hinaus

Gräser, Bambus und Schachtelhalme

Dass in New York bereits vor über 100 Jahren die ersten Wolkenkratzer gebaut wurden, lag in erster Linie an den hohen Grundstückspreisen. Schon bald spielten auch andere Gründe eine wichtige Rolle – Wolkenkratzer gelten als Symbol für eine leistungsstarke Wirtschaft.

Neue Statikkonzepte für Wolkenkratzer

Bei der Frage, wie hoch man überhaupt bauen kann, spielt die Statik eine ganz wesentliche Rolle. Der eigentliche Durchbruch bei der Konstruktion von Wolkenkratzern gelang mit der Erfindung des Aufzugs und – noch wichtiger – mit dem Stahlskelettbau. Inzwischen plant man Gebäude von mehr als 500 Metern Höhe. Wenn man einen Wolkenkratzer mit rund 1200 Metern Höhe realisieren möchte, braucht man neue statische Konzepte. Hier können die Architekten eine Menge von der Natur lernen. Viele Gräserarten bilden Halme aus, die auch stärksten Belastungen wie starkem Wind mühelos standhalten können. Ähnlich wie Gräser sind auch Bambus und Schachtelhalme aufgebaut.

Was zeichnet diese Pflanzen aus? Welche Bauprinzipien können Hochhauskonstrukteure davon ableiten? Die verhältnismäßig dünnwandigen Halme des Bambus erhalten ihre Festigkeit durch ringförmige Verdickungsleisten; hinzu kommen die sogenannten Noden. Noden sind Knoten, an denen sich die Blätter bilden. An den Noden sind die ansonsten hohlen Stängel sehr massiv, wodurch die Knickfestigkeit des Pflanzenstängels erhöht wird. Riesenschachtelhalme können bis zu drei Meter hoch werden. Auch sie verdanken ihre Stabilität mehreren anatomischen Merkmalen. Zunächst einmal fällt auf, dass auch ihre Halme aus verschiedenen Sektionen bestehen, deren tragende Strukturen weit nach außen gelagert sind. Sie sehen ein wenig wie auf den Kopf gestellte Pagoden aus. Diese Strukturen bewirken ein hohes Flächenträgheitsmoment. Das bedeutet, dass auch sie sehr stabil sind.

Wolkenkratzer-Rekord

Die Tage des Taipei 101 als höchstes Gebäude der Welt sind bereits gezählt. In Dubai entsteht derzeit „Burj Dubai", ein Wolkenkratzer, der im Jahr 2009 fertiggestellt werden soll. Über die genaue Höhe schweigt man sich noch aus, einige Quellen sprechen von 750, andere von 1000 Metern. 2010 will Dubai die 1-Kilometer-Barriere jedoch definitiv knacken, und zwar mit einem neuen Projekt, dem „Al Burj".

Die Neigung, bei Belastungen zu knicken oder umzufallen, ist auch bei Riesenschachtelhalmen sehr gering. Darüber hinaus sind Schachtelhalme von senkrechten Furchen – man spricht hier von Kannelierungen – durchzogen, die die Halme zusätzlich versteifen und festigen.

Taipei 101

In Taiwan hat man bei der Konstruktion des 508 Meter hohen und 101 Stockwerke umfassenden Wolkenkratzers „Taipei 101" auf die Strukturen des Schachtelhalmes zurückgegriffen. Der Taipei 101, der an Silvester 2004 mit einer Oper feierlich eröffnet wurde, besteht im Wesentlichen neben seinem Sockel aus acht umgedrehten pagodenförmigen Segmenten, die aufeinander aufbauen. Diese Konstruktion sorgt dafür, dass der riesige Turm stabil, aber dennoch flexibel ist. Bei starken Stürmen oder Erdbeben, die in Taiwan häufig auftreten, ist der Wolkenkratzer nicht der vollen Energie dieser Störungen ausgeliefert, sondern schwankt nur leicht hin und her. Mithilfe der flexiblen Stapelkonstruktion wird die Energie aufgefangen und in die Schwankung „umgeleitet" – der Turm steht stabil. Darüber hinaus sorgt ein 660 Tonnen schweres Pendel im Inneren für zusätzliche Stabilität.

Der Taipei 101 überragt die Skyline der taiwanesischen Stadt Taipeh. Der Bau muss gleich mehreren Naturgewalten trotzen: Zum einen wird die Insel Taiwan häufiger im Jahr von schweren Taifunen heimgesucht, zum anderen liegt sie genau zwischen eurasischer und philippinischer Kontinentalplatte und mitten im Zentrum zahlreicher Erdbeben. Durch die Orientierung des Baus am Naturvorbild der Bambushalme ist es gelungen, die Struktur des Gebäudes den Gefahren anzupassen.

Isolationsmaterialien nach dem Vorbild des Eisbärenfells

Das Eisbärenfell

Dass das Fell der Eisbären weiß leuchtet, ist verständlich – schließlich leben die Tiere in der Arktis, wo das ganze Jahr Eis und Schnee liegt und ein weißes Fell die beste Tarnung darstellt. Doch wie können Eisbären in dieser ewigen Kälte überleben? Bionikforscher haben das Rätsel gelöst und neuartige Isoliermaterialien nach dem Vorbild des Eisbären entwickelt.

Lebende Lichtfalle

Es ist das Fell, das Eisbären das ganze Jahr über zweistellige Minusgrade ertragen lässt. Es ist sehr dicht und von einer öligen, Wasser abweisenden Schicht umgeben. Bei genauerer Betrachtung sieht man, dass ein Eisbärenfell nicht etwa weiß, sondern transparent ist. Die Haare sind innen hohl und mit Luft gefüllt. Durch die Brechung des Lichts erscheint das Fell weiß.

Fällt nun Licht auf das Fell, gelangt es auch in das Innere der hohlen Haare. Ein solcher Haarhohlraum bildet einen Zylinder, der an seinen Wänden das Licht reflektiert. Das Licht kann nicht mehr entweichen und gelangt so zur Haarbasis. Dabei wandelt sich das kurzwellige Licht in langwelliges Licht um, das sich wiederum leicht in Wärme umwandeln lässt. An diesem Punkt spielt auch die Haut des Eisbären eine wichtige Rolle. Entgegen der

üblichen Annahme ist die Eisbärenhaut nicht hell, sondern schwarz, weshalb sie Wärme sehr gut aufnehmen kann. Zwischen den Haaren des Unterfells befindet sich Luft, die dafür sorgt, dass die Wärme der Haut nicht so leicht nach außen abtransportiert wird. Eisbärenfell bilden so ein System, das Sonnenenergie effektiv in Wärme umwandelt und speichert.

Transparente Isolationsmaterialien

Um Wärmeenergie zu sparen haben Forscher inzwischen Isolationsmaterialien entwickelt, die das Eisbärenfell imitieren. Materialien mit derart isolierenden Eigenschaften werden transparente Isolationsmaterialien (TIM) genannt. Ursprünglich hatte man versucht, mithilfe von Kunststoffröhrchen geeignete Isola-

---

Neuartige Textilien

Forscher des Instituts für Textilforschung und Verfahrenstechnik in Denkendorf haben ein synthetisches Garn mit vier Hohlräumen entwickelt, das ebenfalls dem Vorbild des Eisbären folgt. Diese neuartigen Kunstfasern werden für Schlafsäcke verwendet; denkbar ist auch, dass Kleidung oder Isoliermaterial für Häuser aus einem solchen Garn hergestellt wird.

---

tionseigenschaften zu erreichen, doch die Ergebnisse mit diesem Material waren nicht sehr befriedigend. Mittlerweile bestehen die TIM aus sehr dünnen, parallel geschichteten Glasröhrchen. Sie sind so auf eine schwarze Oberfläche montiert, dass sie – wie die Haare eines Eisbären – das Sonnenlicht einfangen und zu einer schwarzen Absorberschicht an ihrer Basis leiten können. Diese Schicht gibt die Wärme an die dahinter liegenden Räume ab. Die Absorberschicht lässt sich auch so gestalten, dass sie lichtdurchlässig ist und trotzdem gute Wärme absorbierende Eigenschaften aufweist. Diese Isolierung wird als transparente Wärmedämmung (TWD) bezeichnet. Hierbei wird das sichtbare Licht auf seinem Weg durch das Material sehr stark gebrochen und gestreut, sodass man damit Räume blendfrei beleuchten kann. Diese Art der Beleuchtung ist besonders für Büroräume wünschenswert, da blendendes Licht die Augen schnell ermüdet.

Eisbären haben sich optimal ihrer unwirtlichen Umgebung angepasst: Neben der perfekten Isolierung ist das Fell wasserabweisend, gibt beim Schwimmen Auftrieb und vermindert die Rutschgefahr, da es auch an den Tatzen wächst.

Seit Jahrtausenden im Einsatz: der Baustoff Lehm
Schwalbennester und Bauten der Töpfervögel

Adobe bezeichnet ein Baumaterial, das aus einer Mischung aus Lehm und Faserbestandteilen besteht. Dieser Baustoff hat eine lange Tradition. In Zukunft könnte er insbesondere in der Baubionik eine große Rolle spielen.

Ein Backofen zum Brüten

Adobe wird in der Natur schon lange als Baumaterial verwendet. Einige Schwalbenarten bauen ihre Nester aus diesem tonartigen Material. Besonders eindrucksvoll gestaltet der südamerikanische Töpfervogel *Furnarius Rufus* seine Nester, die äußerlich einem Backofen ähnlich sind. Seinem Nest hat das Tier seinen wissenschaftlichen Namen zu verdanken. Lat. „furmus" bedeutet übersetzt „Backofen".

Die Bauten der Töpfervögel beherbergen einige interessante Details: Beispielsweise sind die Außenwände im Vergleich zur Größe des Bauwerks sehr dick. Das Verhältnis von Wanddicke zum Durchmesser beträgt 1 : 7,5. Die dicken Wände sorgen dafür, dass das Nest immer genau richtig temperiert ist. Während tagsüber die Sonne scheint, wärmen sich die Wände auf, schützen aber das Nestinnere vor zu großer Hitze. Wenn es in der Nacht dann empfindlich kühl wird, geben die Wände die gespeicherte Wärme an das Nestinnere ab und wärmen so die Brutstatt des Töpfervogels.

Lehm – Baumaterial mit Tradition

Die vor rund 8500 Jahren erbauten Lehmhäuser in Mesopotamien wurden – ähnlich wie beim Töpfervogel – als dickwandige Rundbauten mit Lehmspitzdächern errichtet.

Die dicken Wände der Lehmbauten dienen auch hier nicht nur der Statik, sondern auch der Klimatisierung. Tagsüber halten sie die Räume angenehm kühl und in kalten Nächten sorgen sie für eine wohlige Wärme. Darüber hinaus wird die von den Bewohnern produzierte Feuchtigkeit von den Wänden aufgenommen, diffundiert durch sie nach außen und kann dort dann verdunsten.

Besonders in heißen Gebieten haben Lehmbauten deutliche Vorteile gegenüber den Betonbauten. So zeigte ein Versuch in Kairo, dass die Innentemperatur in einem Lehmbau auch

> ### Nicht nur ein Baustoff im Orient
> In unserer Region kann die Lehmarchitektur ebenfalls auf eine lange Tradition zurückblicken. An der Lahn findet man zum Beispiel vier- und fünfgeschossige Lehmbauten, die über sehr dicke Wände verfügen. Allerdings fallen diese Bauten nicht weiter auf, da ihre Wände allesamt verkleidet sind.

bei hohen Außentemperaturen immer zwischen 20 und 22 °C lag, während im Betonbau Temperaturen von deutlich über 30 °C auftraten. Da Lehm vom Wasser aufgelöst wird, eignet es sich eher für Regionen, in denen mit wenig Niederschlag zu rechnen ist.

Ob und inwiefern sich die Menschen vor 2000 Jahren die Bauten der Töpfervögel zum Vorbild genommen haben, als sie ihre Adobe-Häuser herstellten, ist heute nicht mehr nachzuvollziehen. Spätestens jedoch seit die Energiekosten in die Höhe schnellen, gewinnt der Lehmbau an Aktualität und die Nester der Töpfervögel werden zum Gegenstand der Baubionik. Sie werden bewusst erforscht, um mithilfe von dicken, schweren Wänden und Decken in Lehmbauweise umweltverträglich und energieschonend bauen zu können. Lehmbauten nach dem Vorbild der Natur wurden bereits für Experimente errichtet und bauklimatisch untersucht. Auch Lehrprojekte zur Verbesserung solcher Bauten, um sie vermehrt in der Dritten Welt einzusetzen, wurden bereits realisiert.

Besonders eindrucksvolle Beispiele traditioneller Lehmbaukultur sind die Hochhäuser in der Altstadt von Sana, Jemen. Sie wurden von der UNESCO zum Weltkulturerbe erklärt.

Wunderwerk der Architektur: der Eiffelturm in Paris
Oberschenkelknochen des Menschen

Der Eiffelturm gehört zu den spektakulärsten Bauwerken der Architekturgeschichte. Dass man ein so hohes Bauwerk aus Stahl errichten kann, ist einer Baumaschine zu verdanken, die ebenfalls im 19. Jahrhundert erfunden wurde – dem Kran. Sowohl der Kran als auch der Eiffelturm hatten ein natürliches Vorbild – den Oberschenkelknochen.

Ein Turm aus Stahlstreben
Bereits die Fertigung der Einzelteile war eine ingenieurtechnische Meisterleistung. Schließlich mussten die oft mehrere Meter langen Teile präzise in die korrekte Form gebracht werden. Das erwies sich besonders bei den geschwungenen Teilen als äußerst kompliziert. Die Toleranz der Bohrlöcher, in die später die Nieten kommen sollten, betrug häufig nur wenige Zehntelmillimeter. Das war auch notwendig, um den Turm später exakt symmetrisch aufbauen zu können. Kleinste Abweichungen hätten dazu geführt, dass die Spitze schief gestanden und die Stabilität des Turmes beeinträchtigt gewesen wäre.

Nicht nur die Ausführung des Baus verdient größte Anerkennung, auch bei der Planung betrat man nur wenig bekanntes Terrain. Die Konstruktion, die – ähnlich wie unsere heutigen Hochspannungsleitungen – aus vielen verstrebten Eisenträgern besteht, wird auch als Stahlfachwerk bezeichnet, weil es gewisse Ähnlichkeiten mit dem klassischen Fachwerkbau aus Holz aufweist. Die Konstrukteure des Turms hatten sich weniger an klassischen Bauformen orientiert als an einem Vorbild aus der Natur.

Der Knochenstruktur nachempfunden
Als der Mathematiker und Ingenieur Karl Culmann (1821–1881) eine Vorlesung seines Freundes, des Anatomen Hermann von Meyer (1801–1869) besuchte, wurde die Struktur des Oberschenkelknochens erklärt. Der Oberschenkelknochen besteht aus einer Unmenge von scheinbar wahllos angeordneten feinsten Knochenbälkchen, der Spongiosa. Diese Balken bilden miteinander ein äußerst kompliziertes Netzwerk. Culmann, der damals an der Konstruktion eines Krans arbeitete, fiel auf, dass die Balken vor allem an den Stellen, wo große Kräfte auf den Knochen einwirken, genau in der Richtung der Kraftlinien ausgerichtet sind. Dort, wo die Spannungen am größten sind, befinden sich die meisten Bälkchen, wo keine Spannungen auftreten, hat die Natur Material gespart. Das erklärt auch, warum das Skelett des Menschen nur rund zwölf Prozent seines Körpergewichts ausmacht.

Durch Zufall war Culmann auf den Oberschenkelknochen als natürliches Vorbild für die Leichtbauweise gestoßen. Culmann machte den Chefingenieur des Eiffelturms, Maurice Koechlin (1856–1946), mit diesem Konstruktionsprinzip vertraut. Genau diese Baumethode haben sich nun auch Eiffel und sein Team, in dem Koechlin als leitender Ingenieur tätig war, zunutze gemacht. Jede Strebe ist gezielt gesetzt, sodass der Turm mit der geringsten möglichen Masse auskommt und dennoch eine hohe Stabilität aufweist. Übrigens sollte der Eiffelturm nach der Weltausstellung von 1889 wieder demontiert werden. Auch die Pariser Bevölkerung konnte dem Konstrukt zunächst nur wenig abgewinnen. Da er aber auch Sendeantennen beherbergt, durfte er stehen bleiben. Heute ist er eines der Wahrzeichen von Paris.

Der „Erfinder" des Eiffelturms
Maurice Koechlin (1856–1946) begann im Oktober 1879 seine Arbeit als leitender Ingenieur im Büro von Gustave Eiffel (1832–1923). So gesehen ist der Eiffelturm nach der ausführenden Firma und nicht nach seinem „Erfinder" und genialen Konstrukteur benannt.

Der Eiffelturm ist gut 300 Meter hoch und besteht aus 10 000 Tonnen Stahl. Gefertigt wurde er aus mehr als 18 000 vorgefertigten Einzelteilen, die mit 2,5 Millionen Nieten zusammengehalten werden. 3000 Arbeiter benötigten 26 Monate, um den Turm zusammenzufügen.

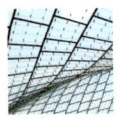

Zeltdacharchitektur für die Olympischen Spiele

Spinnennetze

Mit feinsten, aber dennoch sehr elastischen und stabilen Fäden bauen Spinnen ihre Netze. Spinnennetze sind architektonische Gebilde, die seit mehr als 30 Jahren für Bauingenieure und Architekten von Interesse sind. In Deutschland wurde vor über 40 Jahren eines der spektakulärsten Gebäude der Moderne nach den Konstruktionsprinzipien von Spinnennetzen errichtet.

Stahlseilnetze und Membranen

Die Raumnetze der Zitterspinne können gigantische Ausmaße annehmen. Die größten dieser Netze werden von bis zu 20 000 Spinnen gemeinsam gewoben. Es ist dann gut möglich, dass sie komplette Bäume bedecken. Jede Spinne besitzt ein Territorium, das sie auch gegen ihre Artgenossen verteidigt. Nicht nur Naturforscher beschäftigen sich mit Spinnennetzen, auch Architekten scheinen sich hier das eine oder andere abgeschaut zu haben, wenngleich viele von ihnen das mittlerweile bestreiten. Vielleicht gingen ja auch Elemente der „Spinnenarchitektur" unterbewusst in ihre Entwürfe ein. Besonders einige spektakuläre Dachkonstruktionen weisen große Ähnlichkeiten zu Spinnennetzen auf. Einen ersten Akzent setze hierbei der deutsche Architekt Frei Otto (* 1925). Er erhielt 1967 den Auftrag, den deutschen Pavillon für die Weltausstellung in Montreal zu entwerfen. Otto hatte bereits früher mit Zeltdächern experimentiert. Da wunderte es nicht, dass sein Entwurf für die Weltausstellung auch eine derartige Konstruktion aufwies. Das Dach des deutschen Pavillons sollte dennoch einige entschiedene Unterschiede zu früheren Bauten des Architekten besitzen. Der wichtigste Unterschied bestand darin, dass Otto bei seiner Konstruktion das tragende Seilnetz von der Membran, die zur Abdeckung diente, trennte. Acht konische Stahlblechmasten von bis zu 37 Meter Höhe halten das vorgespannte Stahlseilnetz des Daches. Es wird durch eine untergehängte Haut aus durchscheinendem Polyestergewebe geschlossen und durch eine flache Kuppelkonstruktion aus Holzgitterwerk ergänzt. Insgesamt wurden etwa 7700

> ### Revival eines modernen Denkmals
> Die Stadt München bewirbt sich um die Olympischen Winterspiele 2018. Sollte sie den Zuschlag erhalten, könnte das Olympiagelände von 1974 mit seiner kühnen Dachkonstruktion eine Renaissance erleben und weitere spannende architektonische Erweiterungen erfahren.

Quadratmeter überdeckt. Dieses spinnennetzartige Dach erregte in Kanada großes Aufsehen.

Leichtigkeit und Transparenz

An seinem Vorbild orientierten sich auch das Architektenteam von Günter Benisch (* 1922) und Frei Otto, die das Münchner Olympiagelände gestalteten. Die Krönung ihres Entwurfs ist die Zeltdachkonstruktion, die das Olympiastadion, die Olympiahalle und die Olympiaschwimmhalle überspannt.

Das Dach überdeckt 75 000 Quadratmeter und ruht auf 58 Stahlmasten. Einzelne Seilnetzflächen sind mit Randseilen so eingefasst, dass sie über Knoten punktförmig gehalten werden können, d.h. auf abgespannten Stützen gelagert, aufgehängt oder mit weiteren Netzen gekoppelt. Das Dach ist aus vorgespannten Seilnetzen mit viereckigen Maschen hergestellt und mit Plexiglas gedeckt. Eine solche Konstruktion hat Unmengen an Vorteilen: ihre vielfältige Gestaltbarkeit, eine Leichtigkeit auch bei großen Spannweiten, eine schnelle und einfache Montage, eine Demontier- und Wiederverwendbarkeit sowie die Transparenz der Dachhaut, wodurch das Licht ungehindert hindurchdringen kann.

Ursprünglich sollte das Dach nach den Olympischen Spielen demontiert werden, aber das überaus positive Echo auf die architektonische Leistung veranlasste die Stadt München, es stehen zu lassen. Heute gilt der Olympiapark in München als das wichtigste Denkmal der Nachkriegsarchitektur in Deutschland. Er ist zugleich der bedeutendste Beitrag Deutschlands zur jüngeren Weltarchitektur.

Energiesparen bei der Belüftung von Gebäuden
Der Termitenbau

Spätestens wenn die Temperaturen im Sommer 25 °C übersteigen, wünscht sich fast jeder im Büro eine Klimaanlage. Doch es gibt wenige Gebäude, die den Wunsch nach Kühle ohne Strom fressende Klimaanlage erfüllen. Nimmt man aber das natürliche Klimasystem von Termitenbauten zum Vorbild, könnten Gebäude bald völlig anders klimatisiert werden.

Natürliches Belüftungssystem
Nicht nur wenn es um die Größe und Festigkeit ihrer Bauten geht, sind Termiten wahre Baumeister. Was sie zusätzlich auszeichnet, ist die Klimatisierung ihres Baus. Die Termitenlarven benötigen für ihr Gedeihen eine gleichbleibende Temperatur von 30 °C. Im Bau befinden sich zudem nicht nur die Brutstätten der Insekten, sondern auch von den Termiten kultivierte Pilzgärten, mit denen die Insekten in Symbiose leben und die zusätzliche Wärme sowie Kohlendioxid erzeugen. Der Termitenbau muss daher so beschaffen sein, dass Kohlendioxid abgeleitet und Sauerstoff zugeführt werden kann. Wie gelingt es den Termiten, die Temperatur konstant zu halten und zugleich den nötigen Gasaustausch zu ermöglichen? Die Lösung ist ein Belüftungssystem, das mithilfe von Schächten, porösen Wänden und dem Wind funktioniert.

Die Termitenart der an der Elfenbeinküste beheimateten Gattung *Macrotermes bellicosus* baut riesige Hügel, die bis zu fünf Meter hoch sind und zum Teil auch in den Boden hineinreichen. Die von den Pilzen im „Keller" erzeugte Wärme steigt im Bau über einen zentralen vertikalen, an der Öffnung nur mit einer porösen Schicht bedeckten Kamin nach oben und wird durch die nachsteigende Luft in Lüftungskanäle gepresst, die 20 bis 30 Millimeter unter der Oberfläche des Baus verlaufen. Dort kühlt sich die Luft ab, leitet das Kohlendioxid durch die porösen, an der Stelle der Luftröhren gerippten Wände nach außen und nimmt aus der Umgebung außerhalb des Baus Sauerstoff auf. Währenddessen sinkt die Luft zurück in den Kellerhohlraum, von wo aus sie aufgewärmt wieder nach oben steigen kann. Das Zirkulationssystem hält auf diese Weise die Temperatur im Termitenbau konstant.

Architektonische Umsetzung
Während im Bereich der Porenlüftung noch geforscht wird, werden die Bauprinzipien der Termiten in modifizierter Form bereits baulich genutzt. Im Eastgate Centre, einem Einkaufszentrum in Harare/Simbabwe, ist das Prinzip architektonisch umgesetzt. Das neunstöckige Haus besitzt in seiner Mitte ein Atrium und versorgt die einzelnen Stockwerke über Luftschächte mit kühler Luft. Die erwärmte Luft wird über 48 Kamine vom Dach abgeleitet. Um die Temperatur konstant zu halten, ist das Bauwerk aus Beton – einem stark Wärme speichernden Baustoff – errichtet. Das System ist so effizient, dass das Gebäude 50 Prozent weniger Energie als ein vergleichbares Gebäude der Stadt verbraucht.

Die Abbildung zeigt die Be- und Entlüftung eines Gebäudes und dessen Dämmzonen.

Termitenbionik mit Tradition
Bionische Lösungen sind keine Erfindung unserer Zeit. Im arabischen Raum werden Häuser traditionell mit Windtürmen, den „badgir", gebaut, die eine ähnliche Temperaturregelung erzeugen wie ein Termitenbau. Durch den Kamineffekt, der entsteht, wenn es im Gebäude wärmer ist als außerhalb, leiten die vertikalen Kanäle bei Windstille nachts die warme Luft nach außen. Bei Wind dringt kühlere Luft ins Innere des Gebäudes. Die Lüftung kann durch Verschließen der Kanäle von Hand reguliert werden.

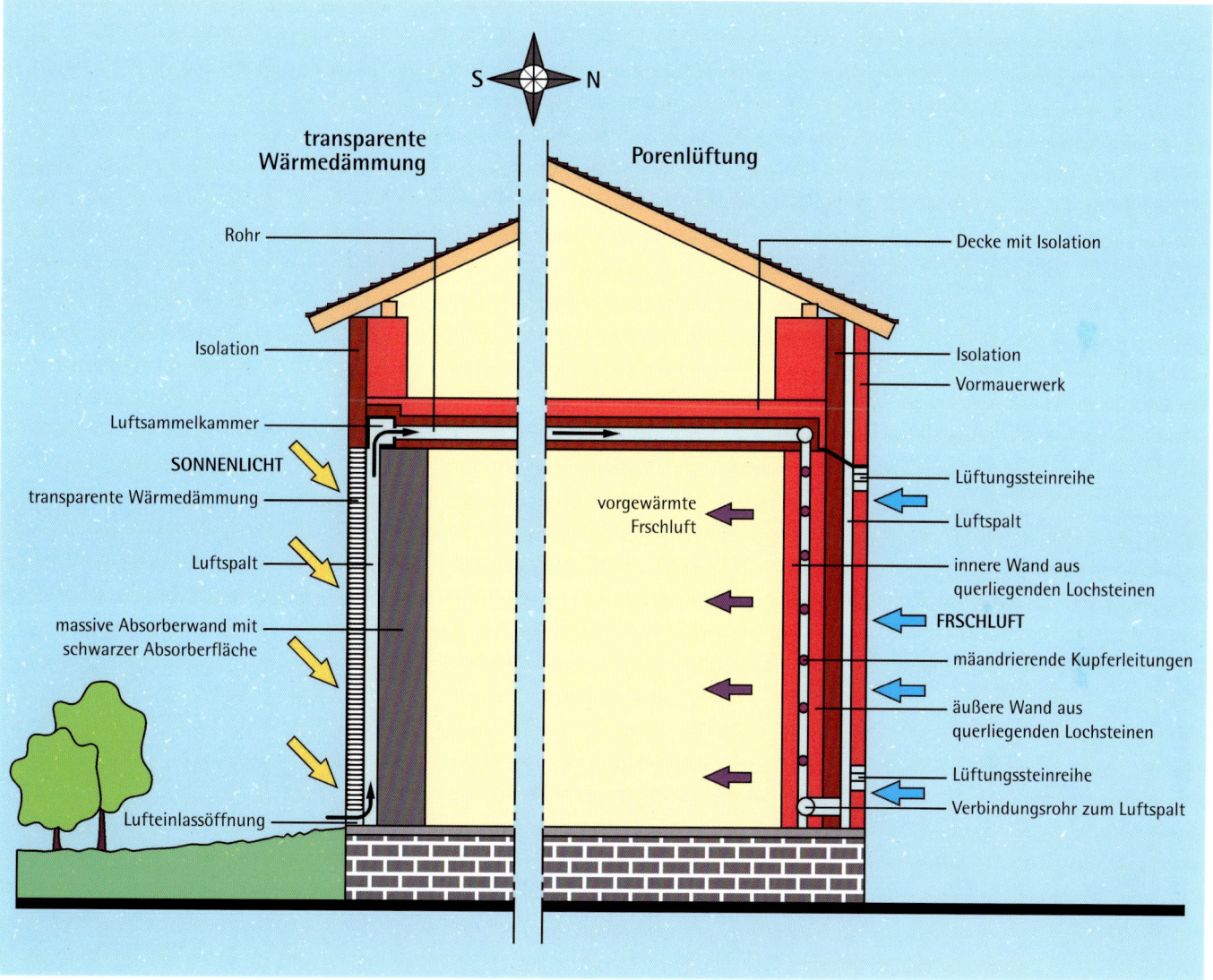

transparente Wärmedämmung

Porenlüftung

S — N

Rohr

Decke mit Isolation

Isolation

Isolation

Vormauerwerk

Luftsammelkammer

SONNENLICHT

Lüftungssteinreihe

transparente Wärmedämmung

Luftspalt

vorgewärmte Frschluft

Luftspalt

innere Wand aus querliegenden Lochsteinen

massive Absorberwand mit schwarzer Absorberfläche

FRSCHLUFT

mäandrierende Kupferleitungen

äußere Wand aus querliegenden Lochsteinen

Lüftungssteinreihe

Lufteinlassöffnung

Verbindungsrohr zum Luftspalt

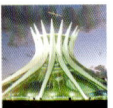

Brasilia – aus dem Nichts entstanden
Tropfen und Kristalle

Brasilia, Hauptstadt Brasiliens, ist eine außergewöhnliche Stadt. Sie wurde komplett am Reißbrett entworfen und innerhalb weniger Jahre gebaut. Um der Stadt ein einheitliches, modernes Bild zu geben, griff man bei der Gestaltung auf Formen aus der Natur zurück.

Die geplante Hauptstadt

Der Beschluss, eine neue Hauptstadt für Brasilien zu bauen, wurde bereits 1891 in der brasilianischen Verfassung verankert. Zwei Jahre später war das passende 14 400 Quadratkilometer große Gebiet gefunden, doch erst 1922 kam es zur feierlichen Grundsteinlegung. Damals war Brasilia von seiner Umgebung und der Infrastruktur im übrigen Land jedoch noch vollkommen abgeschnitten: Beispielsweise lag die nächste befestigte Straße

640 Kilometer weit entfernt. So wurde erst am 22. Oktober 1956 richtig mit dem Bau begonnen, der vier Jahre andauerte. Verantwortlicher Stadtplaner für Brasilia war Lúcio Costa (1902–1998). Der Architekt Oscar Niemeyer (* 1907) trug als Chef des staatlichen Bauamtes die Verantwortung für das Projekt Brasilia und entwarf die öffentlichen Gebäude.

Vom unbedeutenden Flecken zum Weltkulturerbe

„Brasilia ist eine der wenigen realisierten Idealstädte des 20. Jahrhunderts, eine gebaute ‚Utopie‘, eine am Reißbrett entstandene ‚Planstadt‘, der Lúcio Costa mit seinem flugzeugförmigen Gesamtplan und Oscar Niemeyer mit seiner eigenwilligen skulpturalen Architektur ein unverkennbares Gesicht verliehen hat“, heißt es in einem Ausstellungskatalog. Dass Brasilia in den 1950er-Jahren gebaut wurde, erweckt bei vielen sofort den Gedanken an „Plattenbausiedlungen“ und rein funktionale Architektur. Aber die Stadt Brasilia hat ihren ganz eigenen, sehr modernen Charakter. Den Architekten und Stadtplanern ist es gelungen, die nötige Funktionalität der Gebäude mit einer einzigartigen Ästhetik und Leichtigkeit zu verbinden. „Die Architektur darf nicht nur funktionell oder von Dogmatik kas-

triert, sie muss auch schön, kreativ und fantasieanregend sein“, erklärte Oscar Niemeyer. Bei den Entwürfen für seine Gebäude ließ sich Niemeyer immer wieder von natürlich Formen inspirieren. So ist die berühmte Kathedrale Brasilias der Form einer Blüte oder betender Hände nachempfunden. Sie besteht aus Beton und Glas und zeichnet sich durch ihre hyperbolische Form aus, die durch 16 Betonsäulen betont wird. Der Bau ist kreisrund und hat einen Durchmesser von 70 Metern. Die übrigen Gebäude Brasilias spielen meist mit kubischen Formen und Strukturen und erinnern immer wieder an Kristalle und kristalline Formen. Ein weiteres, immer wiederkehrendes Element sind Tropfenformen oder Gebilde, die an auf Wasser aufschlagende Tropfen erinnern. Dennoch gibt es auch kritische Stimmen zu Niemeyers Architektur. Einige Kritiker bemängeln, dass viele seiner Bauten den Bedürfnissen der Menschen nicht gerecht werden. Die „Stadt ohne Straßenecken“ hat kaum Orte, die zum Verweilen und Flanieren einladen.

Die Kathedrale in Brasilia wurde einer Blütenform nachempfunden. Trotz vieler Lobreden auf sein Werk sieht der Architekt Oscar Niemeyer sein Werk heute kritischer: „Dieses Experiment war nicht erfolgreich.“

Eine Stadt als Gesamtkunstwerk
Die Verantwortlichen der UNESCO zeigen sich von der Architektur Brasilias vorbehaltlos begeistert und bezeichnen Brasilia als „Markstein in der Geschichte der Stadtplanung“. Sie sehen in der Hauptstadt ein Gesamtkunstwerk. Aus diesem Grund wurde Brasilia bereits 1978 zum Weltkulturerbe ernannt.

Luftig und leicht: pneumatische Architektur
Diatomeen und Schachtelhalme

Bauwerke wie die Münchner Allianz Arena oder der 42 Meter hohe aufblasbare Turm des Raumfahrtzentrums, den der britische Architekt Nicholas Grimshaw (* 1939) in Leicester verwirklicht hat, sind spektakuläre Beispiele für eine moderne Bautechnik, die der Natur entlehnt ist, die pneumatische Architektur.

Pneumatik in Architektur und Natur
Versuche, Bauwerke aus aufblasbaren Hüllen zu schaffen, gibt es seit Anfang des 20. Jahrhunderts. So wurde ein erstes pneumatisches Gebäude bereits 1918 in England patentiert. Aber was versteht man unter pneumatischer Architektur? Vereinfacht gesagt handelt es sich dabei um aufblasbare Architektur. Dabei kommen häufig selbsttragende Konstruktionen zum Einsatz, die nur durch einen Überdruck im Inneren ihre Stabilität erhalten. Nach diesem Prinzip sind z. B. viele Fabrik- oder Lagerhallen gestaltet. Es müssen aber nicht komplette Bauwerke mit der Technik der pneumatischen Architektur verwirklicht sein; bei einigen Bauten entsprechen auch nur Teile wie das Dach dieser Bauweise.

Ein wichtiger Bestandteil pneumatischer Bauwerke sind die tragenden Hüllen, in denen sich Druckluft befindet. Sie sorgen für die notwendige Stabilität des Bauwerks. Bei der Konstruktion dieser tragenden Hüllen orientieren sich die Wissenschaftler und Baufachleute häufig an Membranstrukturen in der Natur. Ein Beispiel dafür sind Flächen überspannende Membranstrukturen, wie sie die Schalen einzelliger Spalt- oder Kieselalgen, auch Diatomeen genannt, besitzen. Riesenschachtelhalme bilden ebenfalls pneumatische Strukturen aus: Ihre Halme stehen unter Druck und sind ebenso wie frei tragende Hallenkonstruktionen von einem Festigungsgewebe umschlossen.

Zukunftsweisende Entwicklungen
Heute werden pneumatische Konstruktionen häufig dort eingesetzt, wo mit geringem Materialeinsatz eine große Fläche überdacht

---

Aufblasbare Möbel
Auch in der Innenarchitektur gab es immer wieder Bestrebungen, pneumatische Elemente zu verwenden. So hatte der österreichische Architekt Hans Hollein (1934) in den 1960er-Jahren die Idee, eine aufblasbare Wohnungseinrichtung zu entwerfen, die man bei Bedarf zusammenlegen und bequem transportieren konnte. Diese Idee setzte sich allerdings nicht durch.*

---

werden muss oder temporäre Architektur benötigt wird. Pneumatische Konstruktionen kommen daher sehr häufig bei Gewächshäusern und Bauten, die für eine begrenzte Zeit vor der Witterung schützen sollen, zum Einsatz.

Bisher haben die Konstruktionen aber – außer einigen viel beachteten Entwürfen – noch nicht den Einzug in die Alltagsarchitektur gefunden. Ein recht aktuelles und in Deutschland sehr bekanntes Beispiel für eine „luftige" Architektur ist die Allianz Arena in München. Bei diesem Bauwerk gibt es jedoch eine Einschränkung: Hier wurde nicht das ganze Bauwerk auf luftiger Basis errichtet, sondern speziell das Dach und die Fassade. Die Fassade dieses Fußballstadions besteht aus insgesamt 2784 meist unterschiedlich großen, trapezförmigen und mit Luft gefüllten Kissen, die von Ventilatoren mit einem dauerhaften Druck von 350 Pascal aufgeblasen werden. Die Kissen sind aus sehr stabilem textilem Fluor-Kunststoff aus der Teflongruppe gefertigt, der lediglich 0,2 Millimeter dick und daher besonders leicht ist. Das Material soll selbst rauer Witterung wie Wind, Hagel oder Schnee widerstehen; es ist schwer entflammbar und transparent mit einer Lichtdurchlässigkeit von 90 Prozent.

Die Münchner Allianz Arena ist eines der wenigen Beispiele pneumatischer Architektur. Ihre Fassadenmembran übersteht jede Witterung, ist schwer entflammbar und dennoch hochtransparent mit einer Lichtdurchlässigkeit von 90 Prozent. 1056 von den 2760 Kissen enthalten je vier Leuchten. Derart ausgestattet können diese Kissen das Bauwerk in den Farben der jeweils spielenden Mannschaft erstrahlen lassen: Rot leuchtet es, wenn der FC Bayern München ein Heimspiel hat, blau bei Spielen des TSV 1860 München. Die neutrale weiße Farbe sieht man an allen anderen Tagen.

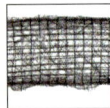

Leicht und bruchsicher dank filigraner Netzstrukturen

Glasschwamm

Organismen, die in der Tiefsee ihren Lebensraum haben, sind extremen Bedingungen angepasst: Der Wasserdruck ist enorm hoch; hinzu kommt die permanente Dunkelheit. Die Fähigkeiten dieser Organismen bieten Bionikern ein weites Forschungsfeld.

Ein Schwamm aus Glas

Einer dieser erstaunlichen Tiefseebewohner ist der Glasschwamm. Er ist in Tiefen zwischen 50 und 5000 Metern anzutreffen und besteht, wie sein Name schon sagt, aus Glas. Dieses Glas entsteht offenbar durch das Aneinanderfügen von Silikat-Nanopartikeln. Der Gießkannenschwamm, eine Art des Glasschwamms, den

Wissenschaftler des Max-Planck-Instituts Potsdam mit Forschern des US-amerikanischen Bell Labs und der Universität Kalifornien genauer untersucht haben, ist ein gläserner Kolben mit vielen Löchern. Durch diese Löcher können Larven einer bestimmten Garnelenart in sein Inneres gelangen. Sie siedeln sich dort paarweise an, wachsen recht schnell und können ihr Zuhause schließlich nicht mehr verlassen. An ein Entkommen ist nicht zu denken, da der Glasschwamm nahezu unzerbrechlich ist. Unzerbrechliches oder bruchsicheres Glas gibt es bereits. Dabei handelt es sich um Verbundgläser, die im Autobau und als einbruchsichere Gläser in Fenstern und Türen eingesetzt werden. Diese Gläser haben jedoch einen erheblichen Nachteil: Sie sind sehr schwer. Anders dagegen das Glas des Glasschwamms: Sein Glas ist ein ausgesprochenes Leichtgewicht.

Neue Impulse für Leichtbau, Materialforschung und Architektur

Bei der Frage, warum das Glas des Glasschwamms leicht und dennoch unzerbrechlich ist, spielen mehrere Faktoren eine Rolle. Der Schwamm besteht aus unzähligen Glasfasern. Jede einzelne Glasfaser ist, ähnlich wie eine Zwiebel, aus konzentrischen Glasschichten von nur wenigen Mikrometern Dicke ausgebaut. Diese Schichten sind mit einer hauchdünnen Klebeschicht miteinander verbunden. Dieser Aufbau bewirkt, dass das Glas deutlich weniger spröde ist und daher weniger leicht bricht als herkömmliches Glas. Tauchen Risse auf, werden sie an den organischen Zwischenschichten abgelenkt und breiten sich nicht weiter aus. Bündel dieser Fasern werden mit einem zementartigen Stoff zu Stäben zusammengefasst. Diese Stäbe sind horizontal, vertikal und diagonal zu einem losen Netz verflochten. Dabei ähnelt die Struktur ein wenig der eines Fachwerkhauses. Diese Konstruktion wird zusätzlich durch spiralförmige Rippen verstärkt. Auf diese Weise ergibt sich dann eine äußerst stabile, aber dennoch leichte Struktur, die den extremen Belastungen in der Tiefsee sehr gut standhalten kann.

In der Technik waren derartige Konstruktionen bis dahin noch nicht gelungen. Insofern bedeutete diese Entdeckung neue Impulse für die Materialforschung und die Architektur. Superleichte und zugleich extrem stabile Materialien könnten in beiden Bereichen kleine Revolutionen auslösen. Gerade dem Leichtbau, der eine material- und damit ressourcenschonende Arbeitsweise darstellt, kommt in Zukunft enorme Bedeutung zu.

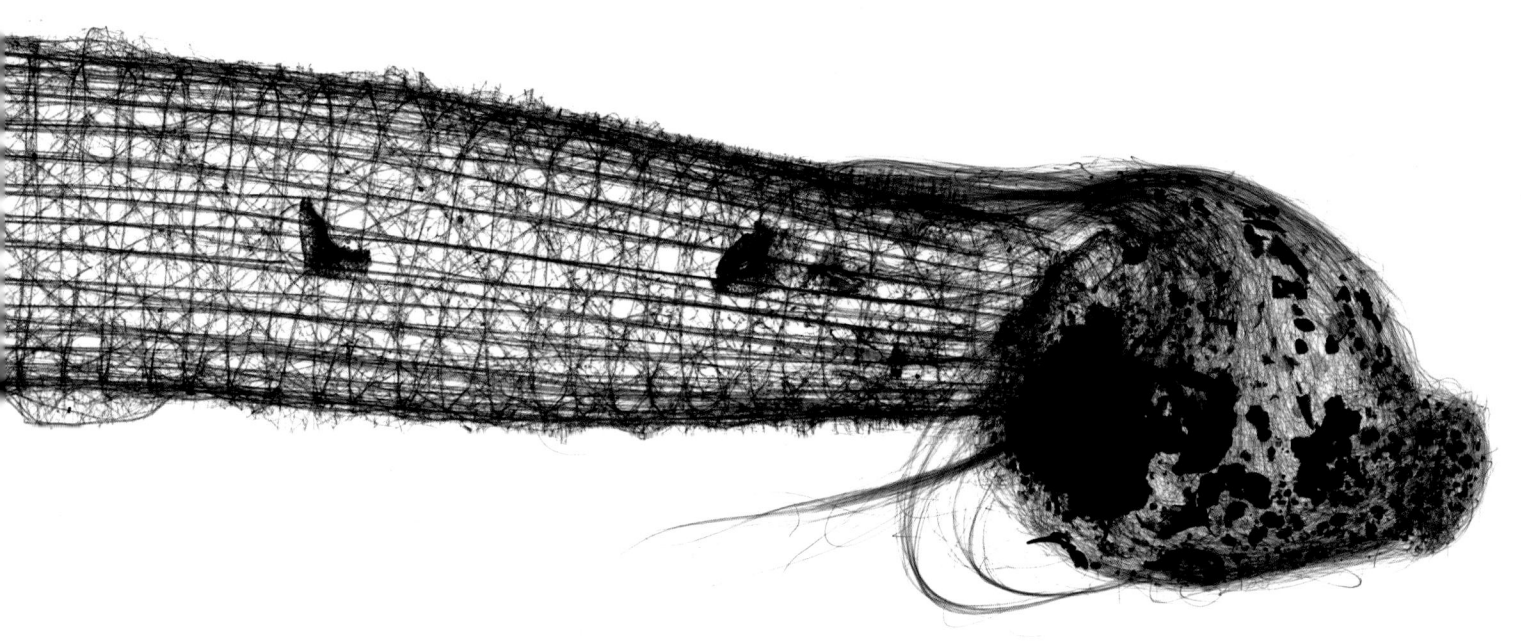

Die Röntgenaufnahme eines Glasschwamms lässt deutlich seine innere Struktur erkennen. Das Skelett des Urzeit-Schwamms gilt als hochfest und lässt Forscher hoffen, mithilfe dieses Naturvorbilds revolutionäre Leichtbauweisen entwickeln zu können.

Santiago Calatrava – Architekt aus Liebe zur Natur
Bauen nach dem Vorbild der Natur

Architektur, die von organischen Formen inspiriert ist, hat in Spanien Tradition. Man denke nur an den Architekten Antoni Gaudí i Cornet (1852–1926) und seine Bauwerke wie die Kirche Sagrada Familia oder den Eckwohnblock Casa Mila in Barcelona. Santiago Calatrava (* 1951) ist ein international hoch angesehener, jüngerer Vertreter dieses Baustils.

Künstler und Architekt
Santiago Calatrava, der als Sohn eines Adeligen in den 1950er-Jahren in Valencia aufwuchs, studierte in seiner Heimatstadt zunächst Architektur, anschließend zusätzlich Urbanistik und Bauingenieurwesen. So gesehen verfügt er über eine durch und durch solide Ausbildung in Sachen Stadtarchitektur. Mit seinem Studium baute er auf seiner frühen künstlerischen Ausbildung auf. Bereits mit acht Jahren erhielt er Unterricht im Zeichnen und Malen. Ursprünglich wollte Calatrava

> **Bauwerke in Deutschland**
> In Deutschland hat Santiago Calatrava bisher nur zwei (Brücken-)Projekte verwirklicht, die Kronprinzenbrücke (1992–1994) und die Oberbaumbrücke (1992–1995) in Berlin.

sogar in Paris Kunst studieren; zur Architektur kam er erst, als dieser Plan scheiterte.

Nach seiner Universitätsausbildung verwirklichte Calatrava erste einfache Projekte wie das Dach einer Bücherei oder einen Balkon für ein Privathaus. Das erste größere Projekt war der Bahnhof Stadelhofen in Zürich, das er von 1984–1990 verwirklichte.

Zu einem international angesehenen Architekten wurde er durch seine Brückenbauprojekte. Das erste derartige Projekt, die „Bac-de-Roda-Brücke", verband zwei ärmere Stadtviertel Barcelonas miteinander und erregte wegen ihres futurologischen Aussehens viel Aufmerksamkeit. Ein weiterer spektakulärer Brückenbau wurde zur EXPO 1992 in Sevilla fertiggestellt: die „Alamillo-Brücke", von 26 Stahlseilen getragen, die an einem schrägen Betonpfeiler befestigt sind. Dieser Pfeiler ist 142 Meter hoch und um 56 Grad geneigt. Es sieht ein wenig so aus, als wolle er sich gegen das Gewicht der Brücke stemmen.

Von der Natur inspiriert
Bei seiner weiteren Tätigkeit zeigt sich Calatrava immer wieder von der Natur inspiriert. Beispielsweise ist das 3-D-Kino und Planetarium „L'Hemisfèric" in der „Stadt der Künste und Wissenschaften" in Valencia als ein sich

öffnendes und schließendes Auge konzipiert und gilt als eines der großen Meisterwerke der zeitgenössischen Architektur.

Die „Stadt der Künste und Wissenschaften" stellt ein ganzes Ensemble beeindruckender Bauten Calatravas dar. Neben „L'Hemisfèric" findet man dort noch eine ganze Reihe extravaganter und beeindruckender Bauten. Das Wissenschaftsmuseum erinnert in seiner Form und Gestaltung beispielsweise an eine Kaurischnecke, eine überwiegend in den Tropen vorkommende Schneckenart.

Auch anderen Gebäuden sieht man ihre Inspirationsquelle aus der Natur an. Dabei sind es aber nicht immer nur äußere Formen, die Calatrava interessieren. So erinnert die Dachkonstruktion des Parkhauses „L'Umbracle" an die Struktur der menschlichen Knochen. Ebenfalls berühmt wurde das „Auditorio de Tenerife", das mit seiner muschelartigen Dachkonstruktion auch ein wenig an das Opernhaus von Sydney erinnert. Ein sich drehender menschlicher Torso stand Pate für das höchste Haus Skandinaviens, den „Turnuing Torso" in Malmö.

Das nächtlich erleuchtete „L'Hemisfèric" in Valencia lädt Besucher ein, im Planetarium einen Blick in den Sternenhimmel zu werfen.

Filigranes Meisterwerk in Schottland: die Firth-of-Forth-Brücke
Knochenstruktur als Bauvorlage

Mit ingenieurtechnischen Meisterleistungen auf dem Gebiet des Eisenbahnbaus assoziieren die meisten die Erschließung des amerikanischen Westens. Übersehen wird dabei meist, dass die Eisenbahn in Europa erfunden wurde und eben auch dort die ersten spektakulären Strecken gebaut wurden.

Bahnstrecke in Schottlands Norden
Am 4. März 1890 wurde in der Nähe von Queensferry die beeindruckende „Firth-of-Forth"-Eisenbahnbrücke, die bis heute eine der größten Auslegerbrücken der Welt ist, eingeweiht. Diesem Ereignis ging eine lange Bauzeit voraus. Ende des 19. Jahrhunderts wollte man den Norden Schottlands erschließen, weshalb man die beiden Städte Dundee im Norden sowie Edinburgh und Glasgow im Süden miteinander verbinden wollte.

Eine stabile Auslegerbrücke
Hierbei rückte ein gemeinsamer Entwurf von Benjamin Baker (1840–1907) und John Fowler (1817–1898) ins Rampenlicht. Die beiden Ingenieure schlugen vor, eine Auslegerbrücke von gewaltigen Ausmaßen zu erbauen. Diese Konstruktion war so solide, dass bereits die Zeichnungen keinen Zweifel an ihrer Stabilität aufkommen ließen.

Bei dieser Brücke wurden die beiden langen Ausleger von enormen Stahlkonstruktionen gehalten. Nicht nur die Größe allein flößte Vertrauen ein, auch die Struktur der ein wenig wie im Fachwerk verbauten Stahlträger machte einen unverwüstlichen Eindruck. Eine gewisse Ähnlichkeit zwischen dem Brückenentwurf und der Schwammsubstanz von Knochengewebe lässt sich nicht abstreiten. Das ist durchaus kein Zufall: Die Ingenieure haben bei der Brücke darauf geachtet, dass die Einzelteile wie die Verzweigungen des Knochengewebes entweder nur Zug- oder nur Druckbelastungen ausgesetzt sind. Die Firth-of-Forth-Brücke zeigt formale und statische Übereinstimmungen mit dem Aufbau eines

Fakten zum Brückenbau
Um Probleme mit dem Gleichgewicht zu vermeiden, wurden die Ausleger von den 105 Meter hohen Türmen ausgehend in beide Richtungen gleichzeitig montiert. Insgesamt wurden ca. 50 000 Tonnen Stahl benötigt, der durch ca. 6,5 Millionen Nieten miteinander verbunden ist. Das Brückenbauwerk, das von 1882 bis 1890 errichtet wurde, ist ca. 2,46 Kilometer lang; 5000 Arbeiter waren daran beteiligt.

Vogelbeckens. In beiden Fällen – z.B. dem Becken eines Straußes und den zentralen Pfeilern der Firth-of-Forth-Brücke – ist die höchste Belastung zentral gelagert. Statt massivem Stein tragen bei der Firth-of-Forth-Brücke zudem verstrebte Eisenträger das Gewicht. Diese Leichtbauweise verweist auf ein natürliches Vorbild: Die Art der Verstrebung gleicht den Versteifungen im Inneren vieler hohler Vogelknochen bis ins Detail. Die stützenden Elemente sind räumlich verwundene, sich in rechten Winkeln schneidende Flächen. Diese Elemente nehmen den Druck und den Zug der Belastungen auf und verteilen sie so gleichmäßig und abschwächend über die gesamte Konstruktion. Wie die Vogelknochen sind auch Brücken darauf ausgerichtet, hohen Belastungen mit einem minimalen Materialaufwand standzuhalten. Jedes Bauteil ist also für die Kräfte, die darauf wirken, optimiert. Das erklärt auch, warum sich dort, wo keine nennenswerten Kräfte angreifen, keine Stahlträger befinden.

Die Firth-of-Forth-Brücke bietet nicht nur einen imposanten Anblick, auch ihre Daten überzeugen: Die größte Spannweite, d.h. die Strecke zwischen zwei Auflagerpunkten, beträgt stattliche 521 Meter.

BIONISCHE ROBOTER

Ein klassisches Anwendungsgebiet der Bionik ist die Robotik. Roboter sollen oft wie Tiere oder Menschen agieren können, sind jedoch häufig noch weit davon entfernt. Von Interesse sind Fortbewegungsmechanismen der Natur und die Sensorik, die einer intelligenten Steuerung und Orientierung dient. Roboter können dem Menschen so den Alltag erleichtern oder ihm Arbeiten abnehmen, die nur unter großem Aufwand oder unter Gefahr möglich sind. So können sie als Erkundungshilfsmittel in unzugänglichen Gegenden wie in Katastrophengebieten, dem Weltraum oder großen Meerestiefen eingesetzt werden. Aber auch in der Industrie, der Medizin und der Unterhaltung sind die leistungsfähigen und anspruchslosen Helfer mehr als gefragt.

Brandsensoren reagieren schneller mit Infrarot
Pyrophile Käfer

In vielen Regionen der Erde gehören Waldbrände zum Kreislauf der Natur. Einige Tiere brauchen Brände sogar zum Überleben. So auch der Kiefernprachtkäfer (*Melanophila acuminata*), der Feuerkäfer (*Merimna atrata*) und der Kleine Aschekäfer (*Acanthocnemus nigricans*), die in Australien beheimatet sind. Sie alle gehören zur Gruppe der pyrophilen, d. h. „Feuer liebenden" Käfer.

Mit Infrarot dem Feuer auf der Spur

Diesen drei Käferarten ist gemeinsam, dass sie von Waldbränden geradezu angezogen werden. Selbst aus mehreren Kilometern Entfernung spüren sie Brandherde auf und fliegen in Windeseile zur Brandstelle, um sich über der frisch abgebrannten Waldfläche zu paaren.

Grubenorgan im Straßenverkehr

Die Automobilindustrie denkt derzeit darüber nach, Sensoren nach dem Prinzip der Bonner Wissenschaftler zu entwickeln, umso Autofahrer in der Dunkelheit vor Tieren oder Menschen in der Nähe warnen zu können. So könnten die Grubenorgane der pyrophilen Käfer künftig für mehr Sicherheit im Straßenverkehr sorgen.

Anschließend legen die Weibchen ihre Eier unter die verbrannte Rinde der Bäume ab. Obwohl die Bäume im Feuer abgestorben sind, ist ihr Bast noch intakt und dient den später ausschlüpfenden Käferlarven als Nahrungsquelle. Was diese Tiere für die Wissenschaftler so bemerkenswert macht, sind die Organe, mit denen sie Waldbrände aus großer Entfernung aufspüren. Alle drei Arten besitzen hochempfindliche Sensoren, mit denen sie Infrarotstrahlung wahrnehmen und entsprechend darauf reagieren können.

Infrarotsensoren nach Käferart

Alle biologischen Infrarotsensoren haben gemeinsam, dass sie ohne Kühlung funktionieren und auch dann sehr zuverlässig arbeiten, wenn die Umgebungstemperatur stark schwankt. Aber worum geht es bei der Infrarotstrahlung genau? Im Prinzip strahlt jedes Objekt elektromagnetische Strahlung ab. Die Wellenlänge der Strahlen hängt von der Temperatur des Objektes ab. Von Infrarotstrahlung spricht man, wenn die Wellenlänge von 800 Nanometern bis hin zu 1 Millimeter reicht. Natürlich senden auch Waldbrände Infrarotstrahlung aus. Der bei uns heimische Kiefernprachtkäfer hat auf seiner Unterseite kleine Vertiefungen, die mit 80 winzigen Sinnesor-

ganen ausgestattet sind. Diese Rezeptoren bestehen vor allem aus kleinen Kugeln, die von einem nur zweitausendstel Millimeter dicken Chitinpanzer geschützt werden. Dieses Grubenorgan nimmt die Infrarotstrahlung eines Waldbrandes wie einen mechanischen Reiz wahr, wodurch der Kiefernprachtkäfer aus Entfernungen von bis zu 80 Kilometern Waldbrände aufspüren kann.

Forscher des Biokon, des Bionik-Kompetenzwerks der Universität Bonn, betreuen ein Forschungsprojekt zum Thema Infrarotsensoren. Ziel der Wissenschaftler ist es, Feuersensoren zu entwickeln, die auf der Sensortechnik der pyrophilen Käfer beruhen. Bereits im Jahr 2004 wurde der Prototyp eines solchen Sensors vorgestellt: Er absorbiert Infrarotstrahlung mithilfe eines Plastikplättchens, das sich ausdehnt und einen Impuls weitergibt.

Forscher der Hochschule Magdeburg-Stendal entwickeln derzeit den Löschkäfer OLE (Offroad-Lösch-Einheit), der große Waldregionen mithilfe von Infrarot und Biosensoren überwachen, Brandherde entdecken und sofort melden und bekämpfen kann. Der Lösch-Roboter ortet bei günstiger Windrichtung sogar ein Feuer in einer Entfernung von bis zu einem Kilometer.

Wie ein Roboter das laufen lernt
Beine der Stabheuschrecke

Bis Kinder richtig laufen können, dauert es rund ein Jahr oder länger. Wie schwierig es tatsächlich ist, Gliedmaßen richtig zu koordinieren, um sie z. B. über Hürden zu führen, erkennt man spätestens dann, wenn man einen Roboter zum Laufen bringen möchte.

Wieso brauchen Roboter Beine?

Dass Roboter laufen lernen, ist nicht selbstverständlich. Trotz aller Schwierigkeiten macht es dennoch Sinn, einen Roboter mit Beinen auszustatten, denn sie werden u. a. dafür konstruiert, um Menschen bei gefährlichen Einsätzen zu ersetzen oder zu unterstützen – etwa in Katastrophengebieten, wo der Zugang für Menschen, nicht möglich ist.

Erfolgreiches Bauprinzip

Das Prinzip, Laufroboter mit sechs Beinen nach dem Vorbild der Stabheuschrecke zu entwerfen, hat sich in den letzten Jahren sehr gut bewährt. Inzwischen gibt es bereits mehr als 30 unterschiedliche Modelle, die sich auf diese Art und Weise fortbewegen. Richtig Aufsehen erregen bei uns allerdings eher die zweibeinigen Exemplare wie der humanoide Roboter ASIMO, der von der Firma HONDA entwickelt wurde.

Auch beim Räumen von Landminen können Roboter eine große Hilfe sein, denn die gefährlichen Waffen befinden sich häufig im unwegsamen Gelände und sind nur unter großen Gefahren aufzuspüren und zu entschärfen. Ein weiteres großes Einsatzgebiet ist der Weltraum.

Da es außergewöhnlich aufwendig und kompliziert ist, einen Laufmechanismus zu bauen, braucht man hierfür ein möglichst gut zu studierendes und gleichzeitig nicht zu komplexes Vorbild aus der Natur. Die Stabheuschrecke erfüllt genau diese Anforderungen: Jedes Bein des Insekts ist gleich lang und besitzt nur drei Gelenke. Ihre Vorderbeine sind mit Fühlern und Tastorganen ausgestattet, um die Bodenbeschaffenheit zu erkunden. Mit bis zu 33 Zentimeter Länge ist dieses Tier verhältnismäßig groß und daher sehr leicht zu beobachten.

Intelligente Steuerung

Die Stabheuschrecke hat sechs Beine, drei auf jeder Seite. Das allein ist aber noch nicht besonders auffällig. Beim schnellen Lauf wechseln sich die Beine so ab, dass immer drei von ihnen den Boden berühren, während sich die drei übrigen in der Luft befinden. Dabei bilden die drei Beine jeweils ein gleichseitiges Dreieck. Diese Lauftechnik bewirkt, dass der

Schwerpunkt des Tiers immer in der Mitte des Dreiecks liegt und sein Lauf dadurch sehr lagestabil ist.

Es gibt aber noch eine weitere Besonderheit im Lauf der Stabheuschrecke: Ihre Beine werden nicht zentral gesteuert. Stattdessen findet ein Informationsaustausch zwischen den Beinen einer Seite statt. Das vordere Bein gibt also Informationen an das mittlere Bein weiter, dieses wiederum an das hintere Bein. So erfahren die hinteren Beine, wenn das Vorderbein auf ein Hindernis gestoßen ist. Der Informationsfluss funktioniert über sechs unabhängige Nervenzellen pro Bein.

Auch bei Robotern, die nach Stabheuschreckenart laufen, werden die Beine weitgehend dezentral gesteuert. Hier übernehmen einzelne Mikrochips die Aufgaben der Nervenzellen. Ganz so dezentral wie beim natürlichen Vorbild funktioniert der Lauf der Roboter allerdings (noch) nicht. Die einzelnen Chips werden auf zwei weiteren, in der Hierarchie höher stehenden Ebenen koordiniert. Eines der bekanntesten und bis heute leistungsfähigsten Beispiele eines sechsbeinigen Roboters nach dem Vorbild der Stabheuschrecke ist Lauron IV, der von Karlsruher Forschern am Forschungszentrum Informatik IDS entwickelt wurde.

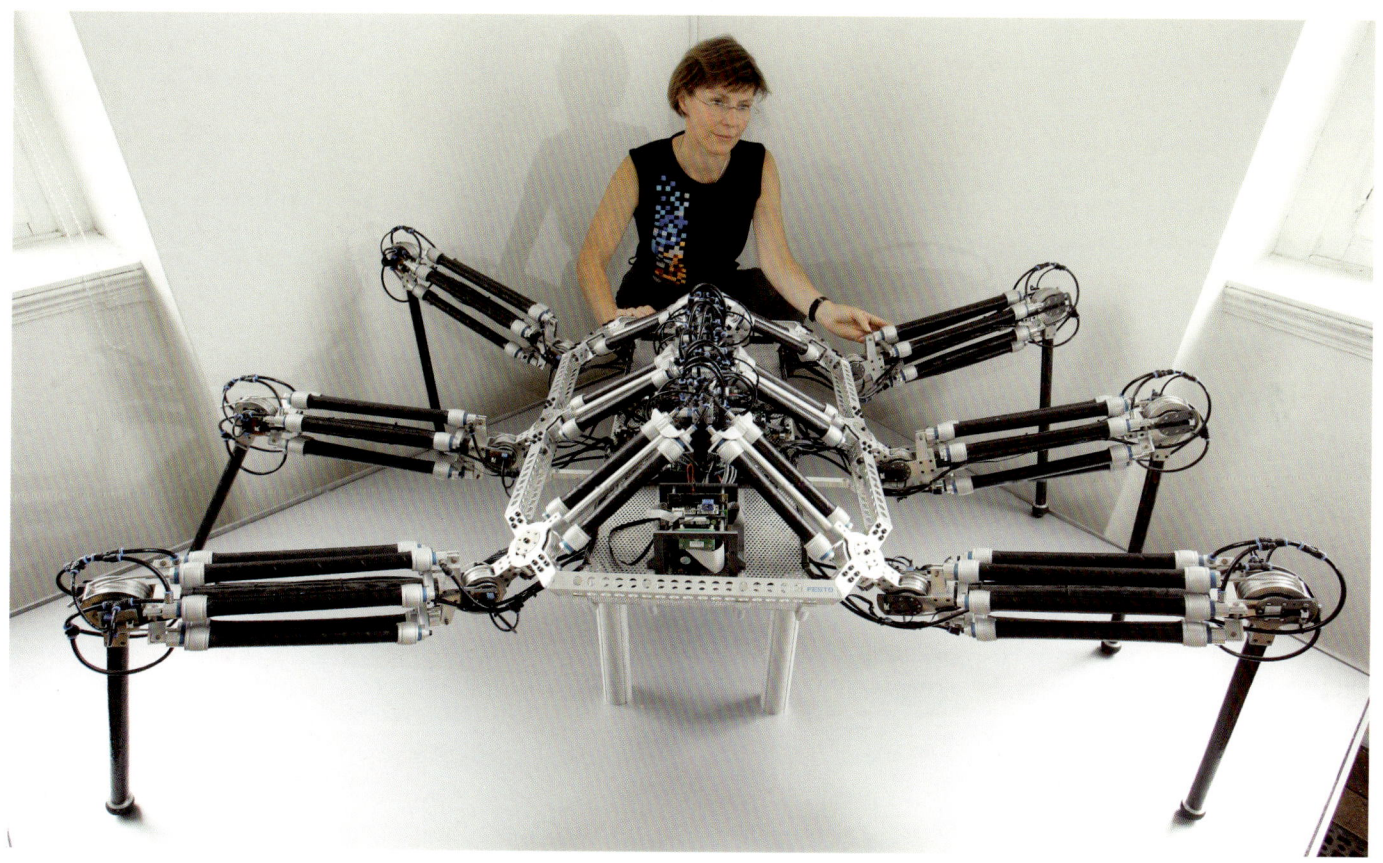

Im „Museum der Natur" in Gotha wird der Laufroboter „AirBug" vorbereitet. Der Roboter ist den
Muskelsträngen einer Stabheuschrecke nach-

empfunden und war 2006 in der Ausstellung
„Bionik – Vom Ursaurier zum laufenden Roboter"
zu sehen.

Mit allen Sinnen ausgestattet: Sensoren für autonome Roboter
Insektenfühler

Wer autonome Roboter, die sich ohne Fernsteuerung bewegen, bauen möchte, ist nicht nur auf einen gut funktionierenden Bewegungsapparat angewiesen. Eine weitere Voraussetzung sind Sensoren, die dem Roboter die Orientierung ermöglichen. Insekten zeigen den Ingenieuren, wie die Natur diese Aufgabe löst.

„Antennen" aus der Natur
Der Zoologe Friedrich Barth (* 1940) von der Universität Wien betonte bei der Eröffnung

---

Spezielle Fühler – Schnurrhaare

Ein besonderes Tastorgan sind die Schnurrhaare von Katzen. Die Härchen selbst unterscheiden sich nicht von den übrigen Haaren des Tieres. Die Tastfunktion liegt in ihrer Verankerung, dem Haarbalg, verborgen. Der Haarbalg verfügt an seinen Rändern über empfindliche Nervenzellen. Stößt das Schnurrhaar an einen Gegenstand, wird die Bewegung zum Haarbalg und dessen Nervenzellen übertragen und über Nervenbahnen als elektrischer Impuls weitergegeben. So können Katzen und viele andere Tiere selbst kleinste Berührungen mithilfe ihrer Haare wahrnehmen.

---

einer internationalen Konferenz zum Thema „Fühlen in Biologie und Technik" im Jahr 2000 die Bedeutung des Fühlens: „Fühlen stellt eine Fähigkeit von Lebewesen dar, die genauso fundamental ist wie Atmen oder Stoffwechseln". Entsprechend gut sind in der Natur die hierzu benötigten Sensoren entwickelt. Ihre Empfindlichkeit ist bisweilen so hoch, dass zum Teil sogar ein einziges Lichtteilchen erfasst wird oder nur ein Molekül eines Duftes ausreicht, um ihn zu erkennen. Die Funktionsweise der natürlichen Sensoren ist sehr ähnlich, denn alle können kleine oder kleinste Energien absorbieren und als elektrischen Impuls an das Nervensystem weitergeben. Die natürlichen Sinnesorgane sind hoch spezialisierte Gebilde, die der Wissenschaft bisweilen noch immer Rätsel aufgeben. Zu den auffälligsten Sinnesorganen der Insekten zählen die Fühler, die sich – fast wie Antennen – an der Vorderseite ihres Kopfes befinden.

Fühler für Roboter
Da die meisten Roboter so konstruiert sind, dass sie sich wie Insekten fortbewegen, liegt es nahe, dass die Ingenieure versuchen, Roboter auch mit Fühlern nach dem Vorbild von Insekten auszustatten. So haben u. a. Wissenschaftler aus Bielefeld und Magdeburg im

Jahr 2005 einen künstlichen Fühler entwickelt, der dem Sinnesorgan der Stabheuschrecke nachgebildet ist. Das Tastorgan besteht aus einem 40 Zentimeter langen Plastikstabpaar, an dessen Spitze ein winziger Beschleunigungssensor steckt. Angetrieben durch zwei kleine Motoren führen die künstlichen Fühler ovale Bewegungen aus und erforschen damit ihre Umgebung. Stößt der Fühler nun an einen Gegenstand, löst die Berührung an der Spitze Vibrationen aus, die der Beschleunigungsmesser registriert. Je nachdem, wo das Hindernis den künstlichen Fühler trifft, wird die Spitze mehr oder weniger weit ausgelenkt. Aus der Stärke der Vibration lassen sich Rückschlüsse auf die Lage des Hindernisses ziehen. So kann der Roboter seine Umwelt ertasten und mit der entsprechenden Programmierung auch reagieren.

Fühler, wie die des Maikäfers, setzen sich in der Regel aus unterschiedlich vielen Gliedern zusammen, die für die Beweglichkeit des Organs sorgen. Zudem treten sie in vielen Ausprägungen – von borstenförmig bis gefiedert – auf. Die Insektenfühler sind mit hochempfindlichen Sinneszellen ausgestattet, die exakt auf den Stoff ausgerichtet sind, den es zu erkennen gilt.

Roboterhund „AIBO" als neuer bester „Kumpel" des Menschen

Hunde als Haustier

Im Jahr 1999 brachte der japanische Elektronikkonzern Sony mit dem Roboterhund AIBO, was übersetzt so viel wie „Kumpel" bedeutet, ein futuristisches Spielzeug auf den Markt. Es heißt, ursprünglich sei der automatische Hund als Haustierersatz für Allergiker konzipiert worden. Doch zugleich sollte dieses Modell zeigen, wie weit die Entwicklung von Robotern schon fortgeschritten war.

Sechs Beine und Fühler

Als man sich bei Sony an den Entwurf des ersten Roboterhundes machte, war es das Ziel der Ingenieure, einen autonomen Unterhaltungsroboter herzustellen, der durch Tasten, Sehen und Hören auf die Umwelt reagieren und Gefühle ausdrücken kann. Der erste Prototyp hatte allerdings recht wenig Ähnlichkeit mit einem Hund – er bewegte sich auf sechs Beinen und hatte Fühler. Da dieser erste Entwurf kaum Gemeinsamkeiten mit einem Kuscheltier hatte, entschloss man sich, einen kleinen, niedlichen Hund als Vorlage zu nehmen.

Sensoren, Kamera und Lautsprecher

AIBO ist mit zahlreichen Sensoren ausgestattet, die es ihm ermöglichen, sich autonom zu bewegen. Auf diese Weise muss der Roboterhund nicht ferngesteuert werden – er reagiert selbstständig. Einige Sensoren funktionieren auf Infrarotbasis und helfen dem Roboter, sich in der Umgebung zu orientieren und Hindernissen auszuweichen. Über weitere Sensoren an den Pfoten kann AIBO die Beschaffenheit des Untergrunds erkennen und passt seinen Laufstil, der allerdings stets ein wenig abgehackt wirkt, der Umgebung an. Darüber hinaus verfügt er über berührungsempfindliche Sensoren an Kopf, Kinn und Rücken, die registrieren, wenn der Besitzer seinen Roboterliebling krault oder streichelt. In diesem Fall sorgt die Programmierung des Spielzeugs dafür, dass AIBO auch angemessen reagiert, z. B. mit den Ohren wackelt oder ein kleines Tänzchen aufführt.

Ferner ist AIBO mit einer Kamera ausgestattet, mit deren Hilfe er nicht nur seine Ladestation wiederfinden, sondern auch verschiedene Gesichter unterscheiden kann. Über eingebaute Mikrophone kann er in einem gewissen Umfang Sprachbefehle identifizieren und ausführen. Seine Lautsprecher sorgen nicht nur dafür, dass AIBO hundetypische Geräusche von sich geben kann, er spielt auch Musik ab und kann aufgezeichnete Nachrichten wiedergeben. Der Roboterhund lässt sich von seinem Besitzer auch frei programmieren. Man kann ihm also ganz nach Belieben eine eigene „Persönlichkeit" antrainieren oder ihm jede Menge Unfug beibringen. Obwohl sich AIBO sehr gut verkauft hat, hat Sony die Produktion im Jahr 2006 eingestellt.

> ### Glücklich mit AIBO?
>
> *Wie gut es den Entwicklern mit AIBO gelungen ist, einige Verhaltensweisen von Hunden zu imitieren, zeigen Studien in Altersheimen. Nach einer etwas längeren Gewöhnungsphase haben Bewohner verschiedener Heime den künstlichen Hund ebenso angenommen wie einen lebendigen Hund, genauso mit ihm gespielt und auch mit ihm gesprochen. Kritiker der Studien weisen jedoch darauf hin, dass einsame Menschen sich mehr oder weniger verzweifelt an jeden Strohhalm bzw. Roboter klammern, um ihrer Notsituation zu entkommen. Man könne das Verhalten der alten Menschen folglich nicht als Beweis für das naturgetreue Verhalten des Roboterhundes werten.*

Roboterfußball entwickelt sich immer mehr zum globalen Trendsport. Auch AIBOs sind Teil des Sports. Sie treten in der „Four-Legged-Liga" auf. Seit 1996 werden sogar Weltmeisterschaften ausgetragen.

Miniroboterkäfer helfen bei der Krebsfrüherkennung
Käfer

In dem Science-Fiction-Film „Die phantastische Reise" von Richard Fleischer aus dem Jahr 1966 lassen sich Wissenschaftler in einem geheimen Labor so stark verkleinern, dass sie mit einer Injektionsnadel in den Körper eines Menschen injiziert werden können, um dort einen Gehirntumor zu bekämpfen. Was vor über 40 Jahren noch eine ferne Zukunftsvision war, ist heute in einer etwas anderen Form nahezu Realität.

Lebensrettende Früherkennungsuntersuchungen

Das Szenario, das die Filmemacher entworfen haben, ist nicht völlig abwegig, denn Miniaturroboter, die den menschlichen Körper medizinisch untersuchen, werden bereits entwickelt. Die Medizinroboter, die nach dem Vorbild von Käfern gestaltet sind, sollen vor allem bei der Früherkennung von Magen- und Darmkrebs eingesetzt werden.

Zwar gibt es heute schon viele Möglichkeiten zur Krebsvorsorge, z. B. mit flexiblen Endoskopen, doch wenige nutzen diese Untersuchungen, weil viele sie als unangenehm empfinden. Mediziner und andere Wissenschaftler des europäischen VECTOR-Projekts, das sich mit der Entwicklung eines Roboters zur Früherkennung von Krebserkrankungen befasst, versucht durch seine Forschung, eine angenehmere Untersuchungsmethode zu entwickeln. Denn das Risiko, an Darmkrebs zu erkranken, ist recht hoch. Frühzeitig erkannt lassen sich gutartige Vorstufen von Tumoren jedoch mit einem vergleichsweise geringen Aufwand entfernen und einer Krebserkrankung noch rechtzeitig vorbeugen. Daher ist eine regelmäßige Früherkennungsuntersuchung, die von den Patienten gut angenommen wird, sehr wünschenswert.

Den Robokäfer schlucken

Die grundlegende Idee des VECTOR-Projekts ist es, einen Roboter zu entwickeln, der wie eine Tablette geschluckt wird und anschlie-

> ### Internationales Forschungsprojekt
> Das Forschungsprojekt VECTOR, das den Roboterkäfer entwickelt, startete im September 2006. Zum VECTOR Konsortium gehören 18 führende europäische Forschungseinrichtungen und Unternehmen, ein Drittel von ihnen kommt aus Deutschland, aber auch das Korean Institute of Science and Technology ist beteiligt. Finanziell wird das Projekt von der Europäischen Union unterstützt.

ßend den Magen und Darmtrakt untersucht. Dieser kleine Roboter besitzt wie ein Käfer Beine, mit denen er sich in Magen und Darm fortbewegen kann. Er kann jedoch seine Beine einklappen, um sich durch den Darm „treiben" zu lassen. Diese Fortbewegungsmethode verursacht beim Patienten kein unangenehmes Gefühl mehr. Der Roboterkäfer kann sich autonom bewegen und gezielt von einem Arzt ferngesteuert werden. Zur Analyse des Gewebes besitzt der künstliche Käfer optische Sensoren. Außerdem hat er Greifer und Operationswerkzeuge, mit denen er erkranktes Gewebe direkt entfernen kann.

Das Marktpotenzial dieses Medizinkäfers wird sehr hoch eingeschätzt. Über 30 Millionen Menschen weltweit sollten sich, so schätzen Mediziner, aufgrund einer erblichen Belastung oder erster Symptome regelmäßig einer Untersuchung unterziehen.

Der Prototyp des Roboterkäfers „EMILOC" wurde von der Scuola Superiore Sant' Anna im italienischen Pisa entwickelt und hergestellt. Solche kleinen Geräte sollen die unangenehmen Untersuchungen des Magen- und Darmtraktes sanfter umsetzen, sodass Vorsorgechecks von einem breiteren Bevölkerungsanteil bald mehr in Anspruch genommen werden.

Mensch oder Maschine – Wem gehört die Zukunft?
Der Mensch

Bei vielen löst die Aussicht, einem Roboter zu begegnen, der kaum noch von einem Menschen zu unterscheiden ist, Unbehagen aus, für andere ist diese Vorstellung durchaus reizvoll, insbesondere für Bioniker.

Neuer Ansatz in der Wissenschaft: „Android science"

Hiroshi Ishiguro, Chef des Intelligent Robotics Laboratory an der Universität von Osaka und

Leiter eines Projekts für „Kommunikationsroboter" am Advanced Telecommunications Research Institute International in der Nähe von Kyoto, hat sich der Konstruktion von humanoiden Robotern verschrieben.

Ishiguro konstruiert seine künstlichen Menschen allerdings nicht nur, um sich das Leben zu erleichtern, sondern um Experimente zur menschlichen Wahrnehmung, Kommunikation und Kognition durchzuführen. Diesen Forschungsansatz bezeichnet er als „android science". Im Rahmen dieser Forschungen hat er den Androiden Geminoid HI-1 entwickelt. Mithilfe dieses Roboters möchte Ishiguro untersuchen, inwieweit seine Studenten oder auch Familienmitglieder ihn als anwesend empfinden, wenn nur sein Roboter-Double vor Ort ist.

Täuschende Ähnlichkeit

Genau für den Untersuchungsgegenstand ist Geminoid H-1 optimiert: Geminoid H-1, der mit einer Silikonhaut überzogen ist, sieht seinem Schöpfer täuschend ähnlich. Dennoch gibt es einige wichtige Unterschiede zum Menschen und zu anderen humanoiden Robotern. Geminoid H-1 besitzt sehr viel weniger Fähigkeiten als einige andere menschenähnliche Roboter. Doch das, was er beherrscht,

macht er umso besser. Geminoid H-1 kann sogenannte Mikrobewegungen, die Menschen etwa beim Atmen vollführen oder um das Gleichgewicht zu halten, ausführen. Auf eben diese kaum wahrnehmbaren Bewegungen kommt es aber besonders an: Fehlen diese Bewegungen, merkt ein Beobachter sehr schnell, dass es sich nicht um einen echten Menschen handelt. Außerdem kann Geminoid H-1 mit seiner Silikonhaut Berührungen registrieren. Der Roboter ist nun so programmiert, dass er auf diese Berührungen angemessen reagiert. Kneift man Geminoid H-1 ins Bein, wendet er den Blick dorthin und erweckt dabei den Eindruck, empört zu sein.

Versuche mit Testpersonen haben mittlerweile gezeigt, dass Hiroshi Ishiguro mit dem Roboter Geminoid H-1 ein täuschend echt wirkender Doppelgänger gelungen ist. Viele Probanden haben bei einer Gegenüberstellung mehrere Sekunden gebraucht, bis sie merkten, dass sie es mit einer Maschine zu tun hatten.

Gestik und Mimik des Klons, der seinem Schöpfer Hiroshi Ishiguro zum Verwechseln ähnlich sieht, steuert dieser derzeit noch selbst. Allerdings hat der Wissenschaftler seinen Klon schon in naher Zukunft als Vorlesungsvertretung für sich eingeplant.

Roboshark und Airacuda erkunden die offene See

Fische

Fische sind perfekt an ihre Umwelt angepasst und besitzen einen sehr effektiven Antrieb. Das sind die zwei wichtigsten Gründe, warum Fische bei Bionikern so sehr gefragt sind. Bionikforscher und Ingenieure gehen davon aus, dass sich nach dem Vorbild der Fische viele technische Innovationen entwickeln lassen und bereits bestehende Techniken erheblich optimiert werden können.

Ein Roboterfisch für die BBC

Lange Zeit blieben Experimente mit künstlichen Fischen ein Unterfangen mit unbefriedigenden Ergebnissen. Der künstliche Hai „Roboshark", der im Jahr 2003 im Auftrag der

BBC entwickelt wurde, war hierbei eine erste Ausnahme. Zusätzlich trug dieser Hai-Roboter anstelle von scharfen Zähnen Kameraobjektive in seinem Maul, denn „Robosharks" Aufgabe war es, für Dokumentaraufnahmen Haie im offenen Meer und an Riffs zu beobachten und zu filmen. Den Technikern gelang bei der Konstruktion des „Roboshark" offenbar eine so naturgetreue Nachahmung eines männlichen Hais, dass seine Artgenossen den künstlichen Eindringling bei einer Konfrontation – sie witterten eine zu große Konkurrenz bei den Weibchen – zerbissen. Auch das zweite Modell der Reihe, „Roboshark II", wurde mehr als misstrauisch von seinen männlichen Artgenossen beäugt.

Airacuda – ein ferngesteuerter, pneumatisch angetriebener Fisch

Anders als „Roboshark" bewegt sich der künstliche Fisch „Airacuda", der von der Firma Festo entworfen wurde, mithilfe seiner großen Rückenflosse vorwärts. Zugleich verfügt der Fischroboter auch über ein Äußeres, das zwar seine künstliche Herkunft nicht ganz verschleiern kann, aber dem Aussehen von Fischen schon recht nahe kommt. Was „Airacuda" besonders auszeichnet, ist sein Antrieb: Kernstück dieses Antriebs ist der sogenannte

„Fluid Muscle", eine Neuentwicklung von Festo, die vom wasserdichten Kopf des Roboters gesteuert wird. Er besteht aus einem Schlauch aus Elastomer mit eingewobenen Aramidfasern. Dieser Schlauch wird mit Druckluft befüllt. Das hat zur Folge, dass er dicker und gleichzeitig kürzer wird. Der Schwanz des Fischs verfügt ebenfalls über zwei derartige „Luftmuskeln". Pumpt man einen Luftmuskel auf, wird er kürzer, sein Gegenstück auf der anderen Seite behält dabei aber seine Länge. Das Ergebnis: Der Schwanz biegt sich zu einer Seite durch. Nun wird der andere Muskel aufgepumpt, während der erste Luftmuskel seine Luft abgibt. Dadurch bewegt sich der Schwanz in die andere Richtung. Der „Airacuda" bewegt seinen Schwanz so also ziemlich naturgetreu – und kann somit „richtig" schwimmen.

Mit den Augen eines Hais

In der Dokumentation „Roboshark", die von Star-Regisseur David Attenborough gedreht wurde, schlüpften die Zuschauer dank der im Maul des gleichnamigen künstlichen Hais montierten Kameraobjektive in die Rolle eines „echten" Hais. Der Film ermöglicht durch die neue Perspektive einen völlig anderen Blick auf den gefürchteten Killer des Meeres. Die Dokumentation zeigt den Hai auch als intelligentes und sogar sehr verspieltes Tier.

Ins Handwerk gepfuscht: bionischer Ersatz
Menschliche Hand

Viele Bewegungen, die wir täglich verrichten, sind weitaus komplexer, als wir es uns vorstellen. Wie kompliziert es ist, ein Glas Wasser zu greifen, an den Mund zu führen und daraus zu trinken, zeigt sich erst, wenn man ein entsprechendes künstliches Greifwerkzeug konstruieren will.

Die DLR-Hände

Künstliche Hände werden vor allem in der Robotik und als Handprothesen benötigt. Für den Einsatz in der Robotertechnik oder als „verlängerter" Arm des Menschen, der in Bereichen zum Einsatz kommt, wo es für eine echte Hand zu gefährlich wird, entwickelt u. a. das Deutsche Zentrum für Luft- und Raumfahrttechnik (DLR) künstliche Gliedmaßen. Die DLR-Hände sind der menschlichen Hand nachempfunden, haben jedoch nur drei oder vier Finger. Das bislang jüngste Modell, die DLR-Hand II, ist 1800 Gramm schwer und ein wenig größer als eine menschliche Hand. Das liegt auch daran, dass alle Sensoren und Antriebsmotoren in die Hand integriert sind. Trotzdem ist diese künstliche Hand bereits so beweglich, dass sie in Verbindung mit einem Roboterarm, der am gleichen Institut entwickelt wurde, sogar Bälle fangen kann. Im nächsten Entwicklungsschritt sollen Teile des Antriebs in einen Roboterarm verlagert werden, der dann zusammen mit der Hand ein festes Hand-Arm-System bilden soll.

Die i-LIMB-Handprothese

Mitte 2007 stellte das schottische Unternehmen Touch Bionics eine Handprothese der Öffentlichkeit vor und bezeichnete sie als erste bionische Hand. Die i-LIMB-Hand – wie die Schotten ihre Erfindung nannten – ist die erste weithin erhältliche Prothese mit fünf individuell angetriebenen Fingern, die wie eine echte menschliche Hand aussieht und wie eine solche bewegt werden kann.
Die Neuerung, die diese Hand auszeichnet, ist ihre Steuerung. Die sogenannte myoelektrische Steuerung nutzt die elektrischen Impulse, die von den Muskeln des verbleibenden Teils des amputierten Körperteils erzeugt werden. Diese Signale werden von an der Hautoberfläche am Armstumpf angebrachten Elektroden aufgenommen und an die künstliche Hand weitergeleitet. So kann der Träger dieser Prothese mit ein wenig Übung das künstliche Organ wie eine „echte" Hand „ansteuern" und bewegen.
Forscher des Fraunhofer-Instituts für Biomedizinische Technik (IBMT) wollen sogar noch einen Schritt weitergehen. Sie arbeiten an einer künstlichen Hand, die Sinneseindrücke an das Gehirn weiterleiten kann. Der Träger einer solchen „Cyberhand" spürt dann, wie die Fingerkuppen Gegenstände berühren, Heißes oder Kaltes zu fassen bekommen. Der Trick besteht auch hier darin, vorhandene Nervenfasern im Armstumpf direkt mit kleinsten Elektroden zu verbinden.

Künstliche Hände für Minenopfer
Studenten der Fachhochschule Nordwestschweiz haben eine Handprothese für Minenopfer entwickelt. Sie ist so einfach konstruiert, dass sie in Südostasien für weniger als 100 Euro hergestellt werden kann und damit zehnmal günstiger ist als eine einfache Handprothese aus Europa. Die künstlichen Hände, die bereits voll funktionsfähig sind, sollen jedoch noch leichter, griffiger und haltbarer werden.

Einen Roboterarm mit drei „Fingern" bedient ein Forscher mit einem Datenhandschuh. Die Entwicklung der Deutschen Forschungsanstalt für Luft- und Raumfahrt soll dazu dienen, ferngesteuert – etwa per ISDN auf der Erde oder an Bord einer Raumstation – Manipulationen des Arms zu veranlassen.

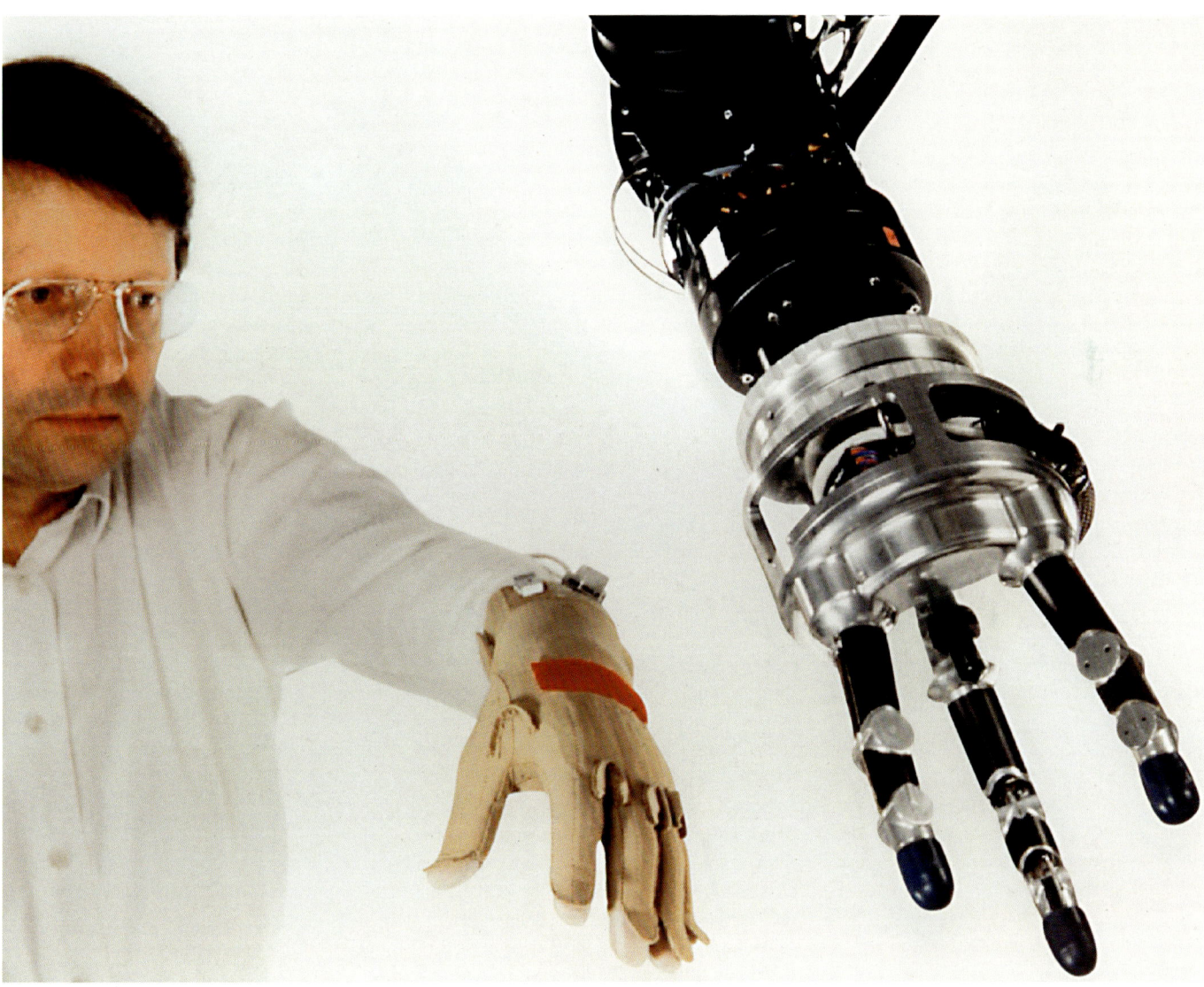

Halb Mensch, halb Maschine – Cyborgs aus der Forschung
Das menschliche Skelett

Kaum ein Science-Fiction-Film kommt ohne Cyborgs aus, denen maschinelle Komponenten ungeahnte Kräfte oder andere Fähigkeiten verleihen. Natürlich ist es nicht das Ziel der Bioniker, Übermenschen zu kreieren, doch körperlich behinderte oder schwache Menschen können von dieser Forschung profitieren.

Unterstützung für den Körper

Menschen brauchen Unterstützung, wenn ihr Bewegungsapparat aufgrund eines Unfalls, einer Krankheit oder aus Altersgründen nicht mehr voll funktionsfähig ist. Einkäufe und

Perspektiven für HAL

Derzeit wiegt der Roboteranzug HAL noch 20 Kilogramm. Seine Konstrukteure gehen aber davon aus, dass es ihnen gelingt, in naher Zukunft wesentlich leichtere Versionen zu entwickeln. Der Preis für einen solchen Roboteranzug liegt zwischen 14 000 und 19 000 Dollar. HAL wird derzeit bereits in Pflegeeinrichtungen in Japan getestet. Die Forscher gehen aufgrund des demografischen Wandels davon aus, dass Roboteranzüge wie HAL schon bald in der Gesellschaft etabliert sein werden.

Routinearbeiten im Haushalt werden immer schwieriger, wenn man nicht richtig gehen oder Dinge tragen kann. In diesem Fall ist es sinnvoll, den Betroffenen maschinelle Hilfe angedeihen zu lassen. Am effektivsten ist eine solche Unterstützung, wenn sie mit den natürlichen Bewegungen gekoppelt und in den Bewegungsapparat integriert werden kann.

Forscher der University of Tsukuba in Japan stellten zur Expo 2005 in Japan einen speziellen „Anzug" – genannt HAL, abgeleitet von hybrid assitive linb –, vor, der diesen Anforderungen gerecht wird. Man trägt ihn wie ein Exoskelett, d. h. wie ein Außenskelett oder einen Roboteranzug.

Schneller als Nervenzellen

Woher „weiß" der Roboteranzug, wann er seine Motoren in Bewegung setzen soll und wann nicht? Die japanischen Forscher haben das Problem mittels Sensoren gelöst. Sie sollen auf die Hautstellen geklebt werden, unter denen sich die Muskeln befinden, die mit dem Apparat unterstützt werden sollen. Wenn man sich entschließt, einen Schritt zu gehen, sendet das Gehirn einen entsprechenden elektrischen Impuls an die Muskulatur im Bein. Dieser Impuls kann von den Sensoren auch durch

die Haut wahrgenommen werden. Der Impuls wird an einen Computer weitergeleitet, den man auf dem Rücken trägt. Er gibt das Startsignal an die Motoren, die den Muskel unterstützen. Mittlerweile funktioniert die Signalübertragung und -verarbeitung so schnell, dass das künstliche System rascher reagiert als die menschlichen Muskeln.

Damit die Bewegungen, die das Exoskelett vollführt, mit den Bewegungen des Trägers so weit wie möglich übereinstimmen – ansonsten würden beide Systeme eher gegen als miteinander arbeiten –, „lernt" der Computer während der ersten Anwendungen, wie sich der Mensch bewegt. So verbessert sich das Zusammenspiel von Mensch und Maschine ständig. Natürlich lassen sich auch bestimmte Parameter manuell einstellen. Das ist besonders dann sinnvoll, wenn der Roboteranzug dazu dienen soll, bestimmte körperliche Behinderungen zu kompensieren.

Nachdem die ersten Modelle von HAL ausschließlich die Beine unterstützten, sind nun Modelle erhältlich, die weitere Funktionen besitzen. So unterstützen sie ihre Träger u. a. dabei, schwere Lasten zu heben. Selbst 40-Kilo-Lasten können dann ohne Schwierigkeiten angehoben und transportiert werden.

Biokraftstoff der ganz anderen Art
Fleischfressende Pflanzen

Schon lange ist es der Traum des Menschen, sich seinen Alltag mithilfe von Maschinen zu erleichtern. Bislang haben britische Wissenschaftler mit zwei skurril anmutenden Roboterprototypen wichtige Beiträge zur Grundlagenforschung geleistet.

Energieautarker Roboter

Wie kann man eine Maschine möglichst autonom betreiben und dabei mit der nötigen Energie versorgen? Wissenschaftler des Bristol Laboratory beschreiten in Kooperation mit der Universität von Bristol neue Wege in diesem Forschungsbereich. Eine erste Idee bestand darin, einen Roboter zu konstruieren, der Schnecken aus Gärten einsammeln sollte. Der mechanische Helfer sollte dabei die lästigen Tierchen mit einem Greifarm fassen, in einer Kammer ablegen und dort zu Methangas vergären. Das Methangas sollte wiederum für seinen Antrieb genutzt werden. Allerdings zeigte sich in der Praxis, dass auf diese Weise für den Roboter, den man „Ecobot" nannte, nicht genug Methangas produziert werden konnte, um den Antrieb des Roboters zu gewährleisten.

Das Nachfolgemodell, der „Ecobot II", bezieht seine Energie ebenfalls aus kleinen Lebewesen – er „frisst" Fliegen. Dabei spielt der Chitin-panzer der Insekten eine wichtige Rolle. Dieser Panzer wird in einer sogenannten Bakterien-Brennstoffzelle an Bord des Roboters zersetzt. Dabei wird Zucker freigesetzt, der wiederum den Bakterien als Brennstoff für ihren Stoffwechsel dient. Bei der Verbrennung entstehen Elektronen, die einen Stromfluss erzeugen. Acht große Fliegen reichen bei ersten Versuchen als Nahrung für fünf Tage aus, allerdings legte der Roboter in dieser Zeit pro Stunde auch nur gute 10 Zentimeter Wegstrecke zurück.

> ### Einsatz als Träger von Messinstrumenten
> Die Entwicklung von „Ecobot II" ist mehr als nur eine Tüftelei der britischen Wissenschaftler. Inzwischen hat man durchaus sinnvolle Anwendungsgebiete für die fleischfressenden Maschinen gefunden. So könnten sie z. B. per Funk Temperaturdaten liefern oder Umweltgifte nachweisen und dabei in Gegenden vordringen, deren Betreten für den Menschen zu beschwerlich oder gefährlich ist. Allerdings bedarf es bis dahin noch einiger Arbeit, denn der Nachfolger von „Ecobot II" muss sehr viel schneller laufen können, bis sich sein Einsatz lohnt.

Roboter nach dem Prinzip fleischfressender Pflanzen

Bei diesen frühen Versuchen nutzten die Wissenschaftler tote Fliegen, um den Ecobot mit Nahrung zu versorgen; bei dem ausgereiften Modell soll die Energieversorgung wesentlich effektiver gelöst werden. Dann sorgt der in den Bakterienbrennstoffzellen vorhandene Abwasserschlamm durch seinen intensiven Geruch dafür, dass der Roboter genügend Fliegen für seine Energiezufuhr anlockt. Der Roboter fängt sich dann seine Nahrung, die ihn mit elektrischer Energie versorgt, selbst; gleichzeitig dient er als Fliegenfalle.

Pflanzen, die ihre Energie aus tierischen Lebewesen beziehen und sie in einer Falle fangen, gibt es auch in der Natur – die fleischfressende Pflanze. Um Beute anzulocken, setzen die meisten Arten Duftstoffe ein. Einmal in die Falle gegangen werden die Insekten dann von Verdauungssäften, die die Pflanzen entweder selbst herstellen oder mithilfe von Bakterien produzieren, zersetzt. So erhält die Pflanze die notwendige Energie.

Sieben Fliegen auf einen Streich: Der EcoBot II wurde vom Bristol Robotics Laboratory entwickelt und bezieht seine Energie aus toten Fliegen.

Neue Innovationen für die industrielle Fertigung
Elefantenrüssel

Wer Elefanten schon einmal im Zoo beobachtet hat, weiß, wie beweglich der lange Rüssel der beeindruckenden Tiere ist. Dafür sorgen die etwa 40 000 Muskeln des Elefantenrüssels. Diese hohe Anzahl an Muskeln ist auch nötig, denn der Rüssel ist für die Elefanten so etwas wie ein Mehrzweckwerkzeug. Mit ihrem kräftigen, aber auch weichen und elastischen Rüssel können sie nicht nur trinken, sondern auch Bäume umstoßen, schwere Lasten tragen, aber auch sehr genaue und Präzision erfordernde Greifbewegungen ausführen. Dieses ausgefeilte Bewegungssystem haben sich Wissenschaftler vom Fraunhofer-Institut für Produktionstechnik und Automatisierung, kurz IPA, in Stuttgart nun zum Vorbild für der Entwicklung eines neuen bionischen Roboterarms genommen.

Vielseitiges Mehrzweckwerkzeug

Der bionische Roboterarm ISELLA, den das Stuttgarter Forscherteam des IPA entwickelt hat, verhindert unkontrollierte Bewegungen bei technischen Störungen, die eine Verletzungsgefahr für umstehende Personen bedeuten können. Während herkömmliche, in der industriellen Massenproduktion verwendete Roboterarme über nur einen Antrieb pro Gelenk verfügen, besitzt die Neuentwicklung

je zwei: einen, der für die Bewegung verantwortlich ist, und einen Gegenspieler, der im Fall einer Störung eine unkontrollierte Bewegung verhindert. Dies entspricht dem Beuger und Strecker eines biologischen Muskels. Zudem ist der Roboterarm besonders gut

---

Krakenarme versprechen weniger Verschleiß

Seit einigen Jahren interessieren sich die Robotertechniker auch für die Eigenschaften von Krakenarmen als Vorbild für flexible Roboterarme. Während die Maschinenarme bisher meist dem Aufbau menschlicher Arme nachempfunden waren, die wegen der starren Knochen- und Skelettstruktur erheblichen Bewegungseinschränkungen unterworfen sind, versprechen die Krakenarme eine größere Beweglichkeit. Auf diese Weise ließen sich erheblich viele Arbeitsprozesse um ein Vielfaches beschleunigen. Da sich im Krakenarm keine Gelenke befinden, die wie beim Menschen und den herkömmlichen Maschinen im Lauf der Zeit durch Abnutzung verschleißen können, könnten hier in Zukunft Zeit und Kosten für die aufwendige Wartung oder den Ersatz von mehreren Roboterarmen gespart werden.

---

gepolstert, um das Verletzungsrisiko noch weiter einzuschränken.

Sicher und günstig

Werden derzeit vergleichsweise teure pneumatische oder hydraulische Antriebe in der Industrie eingesetzt, funktioniert der neue Roboterarm mit einem einfachen und preisgünstigen System, das der Rüsselmuskulatur des Elefanten nachempfunden ist. Angetrieben wird das Armsystem mit einem kleinen Elektromotor mit Antriebswelle. Eine Spezialschnur funktioniert hierbei wie eine Sehne, die zwischen zwei zueinander beweglichen Teileelementen befestigt ist. In deren Mitte ist die Antriebswelle fixiert. Dreht sich die Welle, wird die Schnur von beiden Seiten doppelhelixförmig aufgewickelt. Insgesamt zehn dieser Doppelhelixmuskeln – vier für den Ellbogen und sechs für den Oberarm – sind in den fünfgelenkigen Roboterarm integriert. Hierdurch kann die Zugkraft von einem Vielfachen des Eigengewichts des Antriebssystems erreicht werden, sodass es sich sogar für die Lastenbewegung in Containerhäfen eignet. Da die Beweglichkeit der eines menschlichen Arms entspricht, verspricht das System auch für die Weiterentwicklung von neuen Armprothesen großes Potenzial.

Wenn dieser asiatische Jungelefant neugierig seinen
Rüssel hebt, lässt sich gut dessen Struktur erkennen:
Unter der ledrigen Haut verbirgt sich ein äußerst
kräftiges und extrem agiles Organ, das so charak-
teristisch für die Tiere ist. Die Faszination der
Elefanten auf den Menschen ist jahrhundertealt, so
verwundert es kaum, dass der Philosoph
Arthur Schopenhauer (1788–1860) erkannte:
„Die Idee des Elefanten ist unvergänglich".

Register